НОВАЯ ТЕОРИЯ И ПРАКТИКА ПРОСТРАНСТВЕННОГО РАЗМЕЩЕНИЯ ЗАЛЕЖЕЙ НЕФТИ И ГАЗА В ТРЕЩИННЫХ КОЛЛЕКТОРАХ

НОВАЯ ТЕОРИЯ И ПРАКТИКА ПРОСТРАНСТВЕННОГО РАЗМЕЩЕНИЯ ЗАЛЕЖЕЙ НЕФТИ И ГАЗА В ТРЕЩИННЫХ КОЛЛЕКТОРАХ

БОРИСЕНКО З.Г.

To order additional copies of this book, contact:
Xlibris Corporation
1-888-795-4274
www.Xlibris.com
Orders@Xlibris.com
86691

ОГЛАВЛЕНИЕ

БОРИСЕНКО З.Г. **НОВАЯ ТЕОРИЯ И ПРАКТИКА ПРОСТРАНСТВЕННОГО РАЗМЕЩЕНИЯ ЗАЛЕЖЕЙ НЕФТИ И ГАЗА В ТРЕЩИННЫХ КОЛЛЕКТОРАХ.** Монография.

В книге обоснованы принципиально новые представления об особенностях и геометрии строения пустотного пространства трещинных резервуаров и их флюидонасыщение, существенно отличное от размещения залежей в гранулярных породах. Предложены графические модели скопления залежей углеводородов, учитывающие зональное распространение коллекторов, природу и изменение трещиноватости по площади и разрезу.

Установлена прямая зависимость раскрытости трещин при формировании различных типов залежей нефти и газа. Доказана возможность продуктивных объемов и запасов залежей, превышающих полезный объем структурной ловушки. С освоением больших глубин, в том числе фундамента, доля залежей в трещинных коллекторах возрастает. Новые теоретические основы и методические разработки построены на обширном геолого-промысловом материале. Некоторые внедрены в практику и могут быть использованы при обосновании новых направлений поисково-разведочных работ на нефть и газ, совершенствуют подсчет запасов углеводородов, повышают эффективность их извлечения.

Монография представляет интерес для широкого круга специалистов нефтегазовой отрасли, занимающихся поиском, разведкой и разработкой залежей нефти и газа. Рекомендуется также для преподавателей и студентов геологических специальностей и может быть использована в качестве учебника по нефтегазопромысловой геологии.

Рецензенты:

Доктор химических наук, профессор, Почетный работник высшей школы В.П.Попов.
Докор физико-математических наук, профессор, академик АН ЧР, член-корреспондент РАЕН И.А.Керимов.

БОРИСЕНКО З.Г.

НОВАЯ ТЕОРИЯ И ПРАКТИКА ПРОСТРАНСТВЕННОГО РАЗМЕЩЕНИЯ ЗАЛЕЖЕЙ НЕФТИ И ГАЗА В ТРЕЩИННЫХ КОЛЛЕКТОРАХ

С освоением больших глубин осадочного чехла и пород фундамента возрастает вероятность открытия скоплений углеводородов в трещинных коллекторах. И на ближайшую перспективу запасы и ресурсы таких высоко продуктивных месторождений будут приоритетными в качестве основных направлений поисково-разведочных работ, как на суше, так и в акваториях.

Методы поиска, разведки, разработки и подсчета запасов углеводородов залежей гранулярных коллекторов в достаточной степени разработаны и по настоящее время используются практически для всех типов коллекторов и залежей.

Различия нефтенасыщения трещинных и гранулярных коллекторов обозначились вначале по величинам дебитов продуктивных скважин. Притоки флюидов из трещинных

ZINAIDA BORISENKO

NEW THEORY AND PRACTICE OF THE DIMENSIONAL OIL AND GAS DEPOSITS IN FRACTURE RESERVOIRS

The chance of discovering hydrocarbons in fracture reservoirs increases with the development of the deeper sedimentary cover and basement rocks. In the near future the deposits and resources of this type of highly productive pools will be of high priority and a main trend in prospecting and exploratory drilling on land as well as on the shelf.

Means of prospecting, exploration and reserve calculations of hydrocarbons in granular reservoirs are developed well enough and are being use for every type of reservoirs and deposits.

Discrepancies between the saturation level of the fractured and granular reservoirs began to appear when output of the production well is compared. Fluid volumes from fracture reservoirs are many times more than volume of fluid from granular reservoirs and could reach the level of thousand tons a day. The

резервуаров многократно превосходят дебиты залежей гранулярных пород и достигают тысяч тонн нефти в сутки. Проблемы возникли, когда добыча нефти трещинных резервуаров не укладывались в полезный объем структурной ловушки. Дискуссионным было получение притоков нефти и воды по всему продуктивному разрезу. Необъяснимым оставалось наличие в литологически однородной толще принципиально различных типов залежей—нефтяных и нефте-водяных.

Автор настоящей монографии изучала проблему с момента ее возникновения по настоящее время. Первая публикация датируется 1982 годом, последняя—2007. На обширном геолого-промысловом материале сорока месторождений Восточного Предкавказья предложено новое понимание особенностей пространственного размещения углеводородов в трещинных резервуарах. Обоснована природа и механизм формирования коллекторов. Трещины в пределах

problem became acute when oil extraction from fracture reservoirs could not be correlated with the net volume of the deformational trap. At the center of the debate was the problem of getting oil and water inflow from the whole pay zone. Existence of the two very different types of deposits—oil and oil-water mixtures—was not explained.

The author of this monograph was studying the problem since the very beginning till now. The first paper on the matter was in 1982, the last—in 2007. Based on the rich geologic-production data from 40 fields in the Eastern Pre-Caucasian region the author provides new theory of the particulars of the dimensional hydrocarbons deposits in fracture reservoirs. The nature and the formation of the reservoirs are being examined in this detailed monograph. The fractures in anticlinal closures and synclinal flexures are being examined as a "fan-type" formations with the fractures are more open to the stretched parts and are more dense in the compression areas. Geological zonation of fractured types of reservoirs and the role of tectonic processes in the formation of the void capacity in the compact

структурных поднятий и синклинальных прогибов формируются по «принципу веера». С увеличением раскрытием трещин в сторону поверхностей растяжения и уплотнением к—поверхностям сжатия. Доказана зональность распространения трещиноватости и роль тектонических процессов при образовании пустотного пространства плотных карбонатных пород. Распределение подвижных флюидов обусловлено степенью раскрытости трещин. Введено новое понятие—«замки нефтенасыщения и водонасыщения» пустот, которые объясняют присутствие различных типов залежей в пределах единой продуктивной толщи. Границы раздела нефти и воды моделируются, как поверхности: горизонтальные или чашеобразной формы.

Разработаны теоретические и графические модели основных типов залежей. Проанализированы модификации продуктивных ловушек при перестройке структурных планов. Объяснено наличие залежей на

carbonate rock are being proved by the author. Distribution of the moving fluids depending on the level of the fractures openings is being examined. A new concept of the "locks of oil saturation and water saturation" in the void capacity is being presented by the author. This new concept helps explain why different types of deposits are being found in the single pay zone. Oil-water boundaries are being examined as surfaces—either horizontal or cup-like.

Theoretical and graphic models of the main types of the deposits and modifications of the productive traps with the structural changes are being presented in this monograph. Variations of the producing traps in different structural environment is analysed, deposits at the fringes of periclinal elevation areas are explained and additional practical indicators for the estimate of the oil and gas content of new and old fields are recommended.

периклинальных окончаниях поднятий. Предложены дополнительные поисковые признаки прогноза нефтегазоносности новых и длительно разрабатываемых месторождений.

ВВЕДЕНИЕ

За последние десятилетия значительное число разведанных месторождений нефти и газа приходится на трещинные коллекторы. Дебиты скважин в пределах таких месторождений нередко достигают нескольких тысяч тонн в сутки. Суммарные запасы залежей исчисляются десятками и сотнями миллионов тонн нефти и многими миллиардами кубометров свободного и растворенного газа. С освоением больших глубин осадочного чехла и пород фундамента, где под воздействием термодинамических процессов изменяется природа пустотного пространства пород, вероятность открытия скоплений углеводородов в трещинных коллекторах существенно возрастет. И на ближайшую перспективу запасы и ресурсы таких продуктивных комплексов останутся предпочтительными в качестве основных направлений поисковых и разведочных работ на нефть и газ не только на суше, но и в акваториях.

История развития нефтегазовой отрасли начиналась с разведки и изучения залежей нефти, приуроченных к поровым коллекторам, представленным, в основном, песчаниками. Межзерновое пространство гранулярных коллекторов—пористость, проницаемость пород, их нефтеводонасыщение изучены достаточно подробно по обнажениям геологических разрезов, лабораторным анализам образцов керна, поднятого из скважин в процессе бурения, по комплекс промыслово-геофизических исследований. Методики изучения пустотного пространства трещинных коллекторов практически не разработаны.

Методы поисков, разведки, разработки, подсчета запасов нефти и газа остаются практически одинаковыми для всех типов коллекторов, несмотря на существенные различия таких показателей, как природа образования и геометрия пустотного пространства коллекторов, несопоставимые величины притоков нефти из гранулярных и трещинных резервуаров. Различается, наконец, характер обводнения залежей. Большинство ответов на эти вопросы получены в результате детального изучения месторождений Предкавказской нефтегазоносной провинции.

В трещинных породах плотных карбонатных толщ верхнемеловых отложений открыты десятки крупных залежей нефти и газа. Графические модели залежей трещинных резервуаров строились по классической схеме распределения подвижных флюидов согласно их удельных весов с четким разделением нефти и воды на границе залежи. Поверхности нефтеводяных контактов моделировались как плоскости—горизонтальные или наклонные. Нередко в такую модель не укладывались извлекаемые запасы нефти. Добыча превышала расчетные величины, корректировка которых регулировалась величинами подсчетных параметров, в том числе коэффициентом извлечения нефти (КИН). Такие приемы допустимы и достаточно широко используются в практике нефтегазопромысловой геологии. Но как быть, когда все принято по максимуму, а добыча не укладывается в полезный объем ловушки? . . .

Революционным явилось открытие нестандартного типа залежей в познании особенностей нефтеводонасыщения трещинных коллекторов. По ряду месторождений были получены притоки нефти и воды в различных процентных соотношениях по всей продуктивной толще резервуара. Долго оставалось необъяснимым, что в литологически однородной и единой толще пород присутствуют два принципиально различных варианта нефтеводонасыщения трещинных коллекторов с классическим разделением нефти и воды в резервуаре и нефтеводонасыщением всей продуктивной толщи залежи. Впервые вариант модели и запасов нестандартной нефтеводяной залежи был представлен в ГКЗ СССР по Ачикулакскому месторождению в 1980 году и утвержден в авторском варианте. По предложению ГКЗ СССР материалы были опубликованы в журнале "Геология нефти и газа" (1982г). Таким образом, общепринятая Классификация залежей нефти и газа была дополнена новым типом—нефтеводяной залежью. Многолетние исследования десятков месторождений показали, что пространственное размещение резервуаров и залежей в плотных породах, особенности пустотного пространства и его нефтеводонасыщение принципиально отличается от сложившихся представлений о скоплениях углеводородов в типичных гранулярных (поровых) коллекторах, песчаниках, например.

В Предкавказской нефтегазоносной провинции на глубинах 3—5 км установлен этот нестандартный тип залежи. Причем залежи содержат промышленные скопления и находятся в длительной разработке.

Многие годы и по настоящее время пустотное пространство трещинных коллекторов иногда именуется как вторичная пористость. Применяемые методики разведки и разработки залежей, исследования керна и интерпретации промыслово-геофизических исследований, пригодные для поровых коллекторов, без учета особенностей нефтеводонасыщения трещинных коллекторов приводят существенным погрешностям в оценке запасов и нерациональной их разработке.

На обширном геолого-промысловом и геофизическом материале предложено новое понимание особенностей пространственного размещения залежей в трещинных коллекторах. Разработаны теоретические основы и методы построения графических моделей резервуаров и залежей углеводородов различных типов и сложности. По новому представлены природа и особенности формирования трещинных резервуаров, способных вмещать объемы нефти и растворенного газа, намного превышающие размеры структурных ловушек. Предложены дополнительные поисковые признаки прогноза нефтегазоносности на мало изученных территориях. Результаты исследований и создание принципиально новых методик позволяют решать многие задачи нефтегазопромысловой геологии в вопросах изучения трещинных коллекторов. Первая публикация на тему особенностей трещинных коллекторов в журнале «Геология нефти и газа» относится к 1982 году, последняя датируется 2001 и помещена в Вестнике Российской Академии естественных наук.

Современное состояние нефтегазовой отрасли требует новых подходов и решений обоснованного и стабильного обеспечения страны энергоресурсами. Это многоплановая задача требует существенных капитальных вложений для проведения, в частности, поисково-разведочных работ на новых территориях. Проблемными остаются высоко эффективные технологии разработки залежей.

Предлагаемый комплекс теоретических разработок и методических решений значительно расширяет понимание особенностей пространственного размещения залежей в трещинных коллекторах, с которыми, безусловно, связано будущее развитие нефтегазовой отрасли России.

Существует мнение, что нефть, как энергетическая основа развития современной цивилизации, выполнила свою роль и в ближайшие десятилетия будет заменена новыми открытиями. И это нормально. Прогресс не остановишь. Но перевод на новый вид энергии—не частная проблема отдельного региона или страны. Это планетарная задача. Процесс перевода всей промышленности на новый вид энергии затянется на десятилетия. Все эти годы нефть и газ будут оставаться основными источниками энергии. Между тем, перспективы нефтегазоносности далеко не исчерпаны в пределах новых и длительно разрабатываемых территорий. Не считая того, что пятьдесят-шестьдесят процентов полезного ископаемого остаются в недрах и ждут новых революционных технологических решений извлечения этих запасов нефти.

В процессе работы над монографией значительную помощь на уровне соавтора оказана сыном И.Е. Борисенко, которому выражаю особую благодарность.

За компьютерное оформление текста рукописи выражаю искреннюю признательность А.И.Борисенко и О.Л.Арцышевич.

РАЗДЕЛ I

ОБОСНОВАНИЕ ПРОБЛЕМЫ РАЗМЕЩЕНИЯ ЗАЛЕЖЕЙ УГЛЕВОДОРОДОВ В ТРЕЩИННЫХ КОЛЛЕКТОРАХ

1. КРАТКАЯ ХАРАКТЕРИСТИКА МЕСТОРОЖДЕНИЙ НЕФТИ И ГАЗА

Северный Кавказ является одним из старейших регионов освоения углеводородных ресурсов страны. Здесь известны многочисленные выходы нефти и газа на поверхность. Сотни лет добыча осуществлялась колодезным способом с применением кожаных ведер и исчислялась пудами. Отсчет направленных поисков датируется началом девятнадцатого столетия. Однако первый промышленный приток нефти из скважины получен в 1893 году в переделах Старогрозненского месторождения, с глубины 140 м. Была открыта залежь в миоценовых отложениях. В честь этой скважины на Сунженском хребте установлена небольшая памятная стела.

В 1913 году на первом съезде Терских нефтепромышленников была представлена первая номенклатурная схема расчленения песчаных пластов караган-чокракского комплекса, которая явилась основой современной стратификации разреза миоценовых отложений.

Промышленная нефтегазоносность территории Восточного Предкавказья установлена в широком стратиграфическом диапазоне, от миоцена до триасовых отложений. В настоящее время запасы миоценовых залежей находятся на завершающей стадии разработки. Большинство обводнилось. Однако в пределах некоторых продуктивных пластов скважины продолжают подавать безводную нефть.

Высокие перспективы и технические возможности освоения больших глубин позволили расширить стратиграфический диапазон нефтегазоносности территории за счет открытия залежей в верхнемеловых, нижнемеловых, юрских, триасовых отложениях и в спорных по стратификации породах фундамента.

Комплексный анализ накопленного геолого-промыслового и геофизического материала обозначил новые задачи поисково-разведочных работ. Послужил основой разработки новых представлений и теорий нефтегазонакопления продуктивных толщ. Одна из проблем связана с особенностями размещения залежей нефти и газа в трещинных коллекторах.

Длительное время пространственное размещение углеводородов в трещинных резервуарах моделировалось по аналогии с гранулярными коллекторами. Открытие нестандартных залежей с размещением нефти и воды по всей продуктивной толще послужило основанием заново изучить залежи трещинных коллекторов и объяснить особенности их нефтеводонасыщения.

Промышленная нефтегазоносность карбонатных пород верхнемеловых отложений установлена в начале пятидесятых годов прошлого столетия. Открыто и находиться в разработке около сорока высокодебитных месторождений. Залежи классического типа с четким разделением нефти и воды на границе контакта и залежи с нетрадиционным нефтеводонасыщением находятся в литологически единой карбонатной толще. Такой «геологический нонсенс» не только поставил задачу, но и требовал её незамедлительного решения. Тем более это было связано с регионом, разведанные запасы которого обрели тенденцию к сокращению.

В пределах Центрального и Восточного Предкавказья трещинные коллекторы верхнемеловых отложений имеют широкие по площади распространение, значительны по толщине, четко прослеживаются в геологическом разрезе и присутствуют практически повсеместно. В основном—это плотные карбонатные породы в различной степени трещиноватые.

Глубины залегания продуктивных комплексов 4-5 тыс. метров. Скопление углеводородов контролируется мощной толщей глинистых пород. Глубины вскрытия верхнемеловых отложений неуклонно возрастают, но остаются технологически доступными для проведения дальнейших поисковых и разведочных работ. Особенно с учетом новых представлений о пространственном размещении залежей нефти и газа в трещинных коллекторах.

Ниже приведены месторождения, объем геолого-промысловой информации по которым позволил системно разработать и многими примерами подтвердить принципиально новые представления об особенностях формирования залежей нефти и газа в трещинных коллекторах.

Краткое описание месторождений дано по опубликованным работам и материалам научных исследований, где сохранены общепринятые представления о размещении залежей без учета различий пустотного пространства гранулярных и трещинных коллекторов.

Графическое сопровождение выполняет различные функции. Используется в качестве иллюстрации общих понятий о геологическом строении и нефтегазоносности верхнемелового продуктивного комплекса. Свидетельствует о вариантных интерпретациях пространственного размещения нефтегазовых залежей. Но в большей мере является доказательным фактическим материалом развития представлений при создании новой теории и методов геометризации размещения залежей нефти и газа с учетом особенностей пустотного пространства трещинных коллекторов.

Объем информации по месторождениям различается. Но по всем приведены данные об исследуемых верхнемеловых залежах и трещинных карбонатных коллекторах.

По характеру нефтеводонасыщения месторождения разбиты на две группы: 1 – нефтяные и газовые с разделением флюидов согласно удельных весов и 2 – залежи с нестандартным распределением нефти и воды по всей продуктивной толще резервуара.

1.1. НЕФТЯНЫЕ И ГАЗОВЫЕ МЕСТОРОЖДЕНИЯ С КЛАССИЧЕСКИМ РАСПРЕДЕЛЕНИЕМ ФЛЮИДОВ

Андреевское месторождение

Андреевское месторождение разбурено ограниченным числом скважин. Вместе с тем полученные сведения согласуются с материалами по всем исследуемым месторождениям с залежами, приуроченным к трещинным коллекторам.

Первые признаки промышленной нефтеносности получены в 1973 году при совместном опробовании датских и маастрихтских отложений. Дебиты безводной нефти не превысили 5 т/сут. И только в 1978 году при опробовании скважины 1007 промышленный приток составил 208 т/сут.

Размеры залежи 15,0×2,0 км. Этаж нефтегазоносности 177 м. Водонефтяной контакт (ВНК) принят горизонтально расположенным на отметке минус 5500 м. Тип коллектора трещинно-кавернозный. Тип залежи массивный с элементами тектонического экранирования

.

Нефть легкая. Плотность 0,801 г/см3. Вязкость 0,187 мПа.с. Содержание серы 0,08%, смол – 0,8%, парафина 3,66%. Газовый фактор 425м3/т. В процессе эксплуатации отмечено плавное снижение величин дебитов нефти с возрастанием обводненности продукции скважин.

Месторождение Беной

Промышленные притоки углеводородов из плотных карбонатных отложений верхнего мела получены в 1959 году. Коллекторами явились трещинно-кавернозные известняки. Кроме газа и конденсата, установлено наличие нефтяной оторочки толщиной около двадцати метров. Из-за отсутствия надежной изолирующей покрышки между фораминиферовыми и верхнемеловыми отложениями, газ и конденсат аккумулируются в единой системе трещин, о чем свидетельствуют близкие физико-химические свойства газа и конденсата. По результатам обследования скважин поверхность газонефтяного контакта отличается значительной сложностью и принята осредненной на глубине минус 1442 м. ВНК, с учетом толщины нефтяной оторочки, соответствует абсолютной глубине – 1462 м.

Газ состоит преимущественно из метана с содержанием CO_2 до 1,98%. Плотность конденсата 0,744 г/см3 и характеризуется небольшим содержанием парафина (0,4%). Нефть легкая – 0,8 г/см3, парафинистая (14%). Отмечено незначительное содержание смол.

Месторождение Беной длительное время находилось в разведке. Так и осталось неизученным. Не установлены размеры залежи, не разведаны периклинальные окончания поднятия. Отсутствуют необходимые данные для обоснования подсчетных параметров. Не установлены форма и поверхность контактов, разделяющих флюиды. И, как следствие, тип залежи – газоконденсатной с нефтяной оторочкой или чисто нефтяной. Варианты нефтегазонасыщения трещинного коллектора остались не расшифрованными.

Брагунское месторождение

Брагунское месторождение расположено на территории Грозненского и Гудермесского районов Чеченской Республики в 25-30 км от г. Грозного. Геологоразведочные работы с целью поисков залежей нефти и газа в миоценовых отложениях начаты в 1903 году. Установлена продуктивность песчаных пачек караганского и чокракского горизонтов. В 1966 году получена нефть из верхнемеловых отложений. В 1981 – залежи нефти открыты в нижнемеловом комплексе. Скважинами вскрыт геологический разрез от четвертичных до нижнемеловых отложений. Кайнозойская группа это преимущественно глинистые породы с редкими прослоями мергелей и песчаников. Осредненная толщина около 4700 м. Мезозойская группа. Вскрыты оба, верхний и нижний продуктивные отделы меловой системы. Верхнемеловые отложения включают все ярусы, от маастрихтского до сеноманского, и представлены известняками серыми, плотными, крепкими, пиритизированными, иногда окремненными, в равной степени глинистыми, с многочисленными трещинами, стилолитовыми швами и пустотами вторичного происхождения. Толщина верхнего отдела около 400 м. Нижнемеловые отложения представлены в объеме альбского и аптского ярусов. Верхний—сложен преимущественно глинами с прослоями глинистых песчаников и алевролитов. В аптских отложениях наблюдается чередование песчаников, глинистых алевролитов и песчанистых глин.

Суммарная толщина нижнемелового комплекса 360 м (среднее значение). По кайнозойским отложениям Брагунское поднятие разбито нарушениями на отдельные блоки в виде надвигов, поднадвигов и клиньев. В нижнемеловом комплексе разрывные нарушения не прослеживаются.

По фораминиферовым и верхнемеловым отложениям структура представлена крупной антиклиналью субширотного простирания с пологим сводом, крутыми крыльями и относительно пологими периклинальными окончаниями. Размеры складки в пределах замкнутой изолинии—5000 м 32×3 км. Высота 950 м.

В 1966 году из фораминиферовых отложений получен фонтан нефти дебитом 1200 т/сут. Из верхнего мела приток нефти составил 450 т/сут. Залежь

нефти верхнемеловых и фораминиферовых отложений едина. Основная доля продуктивного объема приходиться на верхнемеловые отложения. По результатам опробования скважин контакт нефти и воды принят расположенным горизонтально на гипсометрической отметке минус 4900 м. Этаж нефтегазоносности 1022 м. Ловушка тектонически-экранированная. Тип залежи—массивный .

Нефть легка, плотность 0,815 г/см3, малосмолистая, малосернистая, парафинистая. Преобладающим компонентом растворенного газа является метан. Начальное пластовое давление залежи 77 МПа.

Горячеисточненское месторождение

Горячеисточненское месторождение расположено в 15 км к северу от г. Грозного, вблизи нефтяных месторождений Хаян-Корт и Брагуны. Открыто в 1951 году. В разработке и пробной эксплуатации пребывали залежи миоценовых, верхнемеловых, альбских, аптских и барремских продуктивных отложений.

Горячеисточненское поднятие приурочено к восточной части Терской антиклинальной зоны и представлено брахиантиклинальной складкой широтного простирания. Ограничена складка разрывными нарушениями. Амплитуды разрывов изменяются от 240-300 м до 700-900 м.

Верхнемеловая залежь открыта в 1968 году. Размеры 17,5×3,4 км. Этаж нефтегазоносности 500 м. Трещинный карбонатный горизонт залегает на глубинах 4125-4460 м. Начальное положение водонефтяного контакта принято горизонтальным на абсолютной отметке минус 4450 м. Тип залежи массивный с элементами тектонического экранирования. Согласно ранних представлений, коллектор трещинно-кавернозный.

Плотность нефти 0,827 г/см3 . Вязкость 0,22 мПа.с. Содержание серы 0,09%, парафина 5,53%, смол 3,64%. Растворенный в нефти газ содержит 63-68% метана. Плотность газа по воздуху 0,904.

Газосодержание 374 м3/т. Температура пласта 1570С. Давление насыщения 29,2 МПа. Выход легких фракций при температуре 3000С – 63%.

По мере накопления геолого-промысловых данных представление о типе коллектора, пространственном размещении залежей, положении тектонических нарушений претерпевали существенные изменения.

Гудермесское месторождение

Гудермесское месторождение располагается на территории Гудермесского района Чеченской Республики в 35 км к востоку от г. Грозного. Непосредственно к рассматриваемой площади с северо-запада примыкает Брагунское нефтяное месторождение.

В геологическом строении принимают участие отложения от четвертичных до нижнемеловых включительно. В тектоническом отношении поднятие приурочено к восточной части Терской антиклинальной зоны. По верхнемеловым отложениям представляет собой узкую линейную антиклинальную складку размером 43,8×3,2 км. При опробовании ряда скважин были получены притоки пластовой воды на гипсометрических отметках, нефтенасыщенных на других участках продуктивного поля залежи. Подобные результаты имели место при разведке многих месторождений Восточного Предкавказья. Затруднения возникали, в частности, при определении положения водонефтяного контакта и полезного объема, запасов залежи и их разработки.

Известно, что реальная залежь в пространстве и соответствующая графическая модель ограничиваются сочетанием поверхностей, которые вычленяют пространство, занятое углеводородами. В упрощенном варианте – это поверхности кровли резервуара и подошвы залежи.

Структурная поверхность кровли резервуара совпадает с верхней границей нефтенасыщения и строится по точкам вскрытия скважинами продуктивного пласта. Положение нижней границы – границы раздела нефти и воды (ВНК) моделируется по результатам опробования скважин и комплексу промыслово-геофизических исследований.

Когда гипсометрическое перекрытие нефтенасыщенных и водонасыщенных интервалов лежит в пределах нескольких метров, положение водонефтяного контакта аппроксимируется, как плоскость – горизонтальная или наклонная. При значительных несоответствиях получения нефти и воды в едином резервуаре, данные опробования скважин проверяются различными методами с целью отбраковки возможно некачественных результатов. Такие работы проведены по многим залежам, размещенных в трещинных коллекторах верхнемеловых отложений. В том числе по скважинам месторождения Гудермес.

Для исключения погрешности данных опробования проводился цементаж скважин под давлением, термометрические исследования, изучался химический и микроэлементный состав пластовых вод. Отдельно проводился радиоактивный анализ. Практически по всем скважинам подтверждены первоначально результаты.

Согласно полученным данным было построено диагональное нарушение, которое разделяло единую залежь на два автономных продуктивных поля – Западное и Восточное .

Западно-Гудермесская залежь открыта в 1970 году. Приток нефти из скважины 183 составил 380 т/сут. Позже при совместном опробовании датского яруса и фораминиферовых отложений получен фонтан безводной нефти дебитом 830 т/сут. Размеры залежи 32,0×3,0 км. Высота 525 м. Водонефтяной контакт обоснован на гипсометрической отметке минус 5100 м. Коллектор трещинный. Тип залежи массивный с элементами тектонического экранирования.

Плотность нефти 0,813 г/см3. Вязкость 0,2 мПа·с. Содержание серы немногим более 0,1%, смол 5-6%, парафина около 12%. Газовый фактор 444 м3/т.

Восточная залежь открыта в 1977 году. При испытании верхнемеловых отложений в открытом стволе скважины. Приток безводной нефти составил 140 т/сут. Залежь массивная с элементами тектонического экранирования.

Плотность нефти 0,814 г/см3. Вязкость 0,2 мПа·с. Содержание серы 0,2%, парафина 10%. Растворенный газ преимущественно метановый, до 74%. Относительная плотность по воздуху 0,770.

«Противоречивые» результаты получения притоков безводной нефти и пластовой воды без признаков нефти на одинаковых гипсометрических отметках были положены в основу построения нарушений по результатам опробования скважин, большинства залежей трещинных коллекторов без учета особенностей их нефтеводонасыщения.

Мескетинское месторождение

Мескетинское месторождение находится на территории Чеченской Республики, в 50 км к юго-востоку от г. Грозного. В 25 км к северо-западу расположен г. Гудермес (рис. 38).

В 1987 году при опробовании скважины 3 получен промышленный приток нефти из верхнемеловых отложений. Наличие залежи подтверждено результатами бурения последующих скважин.

Залежь приурочена к брахиантиклинальному поднятию субширотного простирания. Поднятие рассечено на три блока серией тектонических нарушений, построенных по материалам интерпретации сейсмических работ. И результатов опробования скважин, которые не укладывались в общие представления о размещении флюидов в пределах единого коллектора.

Верхнемеловые отложения представлены плотными, трещинными известняками со стилолитовыми швами и прослоями мергелей.

Восточная часть поднятия примерно на 350 м выше западной. Северное крыло более крутое по сравнению с южным. Водонефтяной контакт восточного блока принят горизонтально расположенным на гипсометрической отметке минус 4479 м. Положение ВНК Западного блока определено на глубине минус 4576 м. Площадь залежи 13,0×3,0 км. Этаж нефтегазоносности обоих блоков около 400 м. Ловушки тектонически экранированные. Залежи массивного типа.

Нефть легкая, плотность 0,801 г/см3. Вязкость 0,15 мПа.с. Содержание парафина 2,2%, серы 0,22%, смол 1,55%. Газ легкий, преимущественно метановый (88%). Газовый фактор 760м3/т.

Минеральное месторождение

Месторождение Минеральное приурочено к брахиантиклинальной структуре субширотного простирания. Поднятие ограничено тектоническими нарушениями и разбито на блоки. Верхнемеловая залежь открыта в 1972 году. При испытании скважины 1 в интервале 5058-4970 м получен промышленный приток безводной нефти. Дебит 485 м3/сут. Начальное положение водонефтяного контакта не горизонтально. Обосновано на абсолютных отметках минус 4853 м на севере и минус 4900 м – на юге. Размеры продуктивного поля 13,0×2,0 км. Этаж нефтегазоносности 350 м. Тип залежи массивный с элементами тектонического экранирования .

Плотность нефти 0,819 г/см3. Нефть парафинистая (4,6%), малосернистая (0,13%), малосмолистая (0,3%). Вязкость 0,2 мПа.с. Содержание легких фракций при температуре 300 0С – 64%. Растворенный газ жирный. Содержание метана 65%. Относительная плотность по воздуху 0,893. Температура на уровне продуктивного комплекса 1870С. Давление насыщения 31,0МПа. Газовый фактор 345 м3/т.

Месторождение Октябрьское

Октябрьское месторождение находится в 8 км к юго-востоку от г. Грозного и в 5 км от Старогрозненского месторождения. В геологическом строении принимают участие отложения мезозойского, кайнозойского и антропогенного возрастов. По верхнемеловым отложениям структура представлена узкой складкой, вытянутой с северо-запада на юго-восток. Размер поднятия 22,0×2,0 км. Высота 1200 м относительно изогипсы минус 5200 м.

По сейсмическим данным и результатам вскрытия продуктивной толщи зафиксировано нарушение, параллельное структурному поднятию. На границу нарушения амплитуда смещения достигает 400 м. По одному из вариантов построений поднятие разбито на два блока. Размер западного блока по изолинии 4500 м соответствует 4,6×2,4 км, восточного – 9,8×2,0 км.

Верхнемеловые отложения изучены по керну и представлены плотными известняками. Коллекторские свойства на ранней стадии изученности определяла вторичная пористость. Отмечалось наличие вертикальных и горизонтальных трещин, но предполагалось, что доля их существенно мала и не могла влиять на величину пустотного пространства продуктивного разреза. Залежь нефти в известняках верхнего мела установлена в 1966 году. Ловушка тектонически экранированная. Залежь массивного типа. Размеры 13,1×2,7км.

Разведанный этаж нефтегазоносности 627 м. Дебиты нефти колеблются в пределах 190-1788 т/сут. Поверхность раздела нефти и воды принята расположенной горизонтально на абсолютной глубине – 4670 м .

Нефть легкая от 0,800 до 0,817 г/см3, малосернистая (0,06-0,19%), парафинистая (6,3—9,1%), малосмолистая (2,5-3,7%), содержание асфальтенов от 0 до 1%. Выход легких фракций при температуре до 3500С достигает 82%. Вязкость нефти в пластовых условиях 0,165-0,191 сантипуаз. Газовый фактор 429-507 м3/т. Содержание метана в составе растворенного газа 42,8-74,3 %. Этана 10,2-18,2%, пропана до 14%, бутана до 5%, изобутана – до 7,7%. Углекислый газ присутствует в количестве 2,2-3,0%. Удельный вес газа по воздуху 0,821-0,935.

Проблемы доказательных типов коллекторов, моделей залежей, обоснования многочисленных нарушений в течение многих лет вплоть до прекращения разработки месторождения, оставались неоднозначными.

Правобережное месторождение

Месторождение Правобережное. Верхнемеловая залежь открыта в 1972 году. При совместном опробовании датского и маастрихтского ярусов. Получен фонтан безводной нефти и газа. Дебит нефти 745 т/сут., газа 291 тыс. кубометров. Последующие скважины расширили диапазон продуктивности верхнемеловых отложений до сеноманского яруса включительно. Дебиты нефти составили величины до 400 т/сут. Газовая составляющая превысила 100 тыс. м3/сут.

Размеры залежи 28,0×4,0 км. Этаж нефтегазоносности 750 м. Поднятие разбито на блоки. В северном и восточном блоках водонефтяной контакт принят горизонтальным на глубине минус 5300 м. В центральном блоке ВНК обоснован на отметке минус 5078 м. В южном—плоскость принятого контакта наклонена и лежит в пределах абсолютных глубин минус 5270-5130 м .

Различные высотные положения контакта нефти и воды объяснены наличием автономных продуктивных полей. Положение нарушений намечено условно и не подтверждено опробованием скважин.

Тип коллектора трещинный. Залежи массивные с элементами тектонического экранирования. Не исключено, что, кроме нефти, в объеме трещинного резервуара присутствует газовая шапка.

Нефть легкая. Плотность 0,817 г/см3. Вязкость 0,26 мПа.с. Содержание серы около 0,1%, смол – 0,3%, парафина – 4%. Растворенный газ легкий, плотность 0,826 по воздуху. Газовый фактор 289 м3/т.

Месторождение Северно-Брагунское

Северо-Брагунская структура по кровле верхнемеловых отложений представлена антиклиналью, осложненной на севере и юге продольными разрывными нарушениями с амплитудой сброса

200-300 м. В центральной части отмечается нарушения с амплитудой надвига 100 м по изогипсе минус 5600 м. Длина антиклинали 29 км, ширина – 3,3 км.

Продуктивные отложения представлены известняками, полезную емкость которых составляют трещины и микрокаверны. Среднее значение проницаемости коллектора, определенное по керну, равно 0,0088·10-3 мкм2. Открытая пористость – 2,34%. Величина вторичной пустотности по данным промыслово-геофизических исследований, в среднем равна 0,42%. По данным гидродинамических исследований определены средние значения проточной емкости – 0,16%. Проницаемость – 0,032 мкм2.

Залежь вскрыта в 1982 году получением фонтанного притока безводной нефти. Дебит 60 м3/сут. Для датского яруса и верхнемеловых отложений залежь нефти едина. Размеры 24,0×3,0 км. Этаж нефтегазоносности 850 м. Продуктивное поле, как и структурное поднятие, рассечено на три автономных участка. По результатам опробования скважин водонефтяные контакты приняты на глубинах:—5450 м,—5470 м,—5600 м и—5530 м соответственно. Начальное пластовое давление, приведенное к гипсометрической отметке минус 4850м, составляет 84 МПа. Залежь массивного типа с элементами тектонического экранирования и литологического замещения .

Нефть легкая. Плотность в поверхностных условиях 0,816 г/см3. Вязкость 0,2 мПа·с. Содержание серы 0,2%, смол – 2,0%, парафина 6%.

Растворенный газ метанового ряда. Содержание метана до 68% с малым количеством тяжелых компонентов. Давление насыщения газом 23 МПа. Газовый фактор 288 м3/т.

Верхнемеловая залежь эксплуатируется в условиях естественного упруго-водонапорного режима. В процессе разработки среднесуточный дебит на одну скважину уменьшился с 270 т/сут. до 51 т/сут. Пластовое давление снизилось на 30 МПа и составило 55,0 МПа.

История разбуривания и эксплуатации залежи свидетельствует о неоднородности продуктивной толщи по площади. Вплоть до отсутствия притока нефти и воды из скважин. Объяснить такое явление долгое время не представлялось возможным, так как не учитывались особенности размещения трещинных коллекторов.

Северо-Джалкинское месторождение

Верхнемеловая залежь открыта в 1988 году при опробовании скважины 2. Получен промышленный приток безводной нефти с газом. Дебит нефти составил 230 м3/сут. Дебит газа 70 тыс. м3/сут. Содержание воды в продукции скважин около 60%. Коллектор трещинно-кавернозный. Тип залежи массивный, тектонически экранированный. Водонефтяной контакт обоснован горизонтальным на гипсометрической отметке минус 5420 м .

Нефть легкая, малосернистая, парафинистая. Плотность в поверхностных условиях 0,789 г/см3. Вязкость 3,0 мПа.с. Газ растворенный в нефти, метановый с содержанием метана до 72%. Газовый фактор 706 м3/сут.

Ильинское месторождение

Верхнемеловая залежь открыта в 1992 году при опробовании скважины 2 в интервале 4832-4862 м, гипсометрические отметки которого—4706 ÷—4736 м. Получен приток нефти с водой. Дебит жидкости равен 240 м3/сут. На долю нефти приходится 20-50%. Результаты перфорации вышерасположенного интервала в пределах глубин 4813-4798 м подтвердили наличие залежи в верхнемеловом комплексе. Получен приток нефти с водой. Дебит жидкости 178 м3/сут. Доля нефтяной составляющей возросла до 80%. Тип коллектора по аналогии с ранее разведанными залежами, определен как трещинно-кавернозный. Тип залежи массивный с элементами тектонического экранирования.

Плотность нефти 0,810 г/см3. Газовый фактор 700 м3/сут. Не трудно заметить, что блоки Северо-Джалкинского и Ильинского месторождений представляют собой элементы единого поднятия. Нарушения построены со значительной степенью условности, так как не могли быть объяснены результаты получения притоков нефти и воды на одинаковых гипсометрических отметках.

Месторождение Северо-Минеральное

Верхнемеловая залежь открыта в 1976 году при испытании скважины 10 в интервале 5118-5194 м (-4965-5042 м). Нефтегазоносность установлена по всему комплексу фораминиферовых, датских и верхнемеловых отложений. При испытании скважин дебит безводной нефти достигал 500 м3/сут. Дебит газа – 340 тыс. м3/сут. Глубина залегания продуктивных отложений 5000-5350 м. Залежь нефти приурочена к узкой антиклинальной складке, с юга ограниченной продольным тектоническим нарушением. Локальное нарушение на западе поднятия дополнительно сечёт продуктивное поле залежи. Водонефтяной контакт, по результатам опробования скважин, принят на отметке—5200 м. Размер залежи 25,0×2,0 км. Этаж нефтегазоносности 460 м. Структурная ловушка тектонически экранированная. Залежь массивная с элементами тектонического и литологического экранирования. Коллектор трещинно-кавернозный.

Нефть легкая. Плотность 0,821 г/см3. Кинематическая вязкость составляет 2,36мПа.с. Содержание парафина 3,1 %, серы 0,14%, смол 0,34%. Растворенный в нефти газ жирный. Содержание метана не превышает 65%. Плотность газа по воздуху 0,869. Газовый фактор 315 м3/т. Давление насыщения 35 МПа.

Температура отложений 1710С. Начальное пластовое давление, приведенное к отметке минус 5000 м – 81 МПа.

Старогрозненское месторождение

Старогрозненское месторождение расположено в зоне передовых хребтов Восточного Предкавказья, на территории Старопромысловского района г.Грозного. Издавна в этом регионе известны выходы нефти на поверхность. Веками добыча нефти велась колодезным способом. Первый приток нефти получен в 1893 году с глубины 134 м. Из песчаного пласта караганского горизонта. На месте первой продуктивной скважины установлена памятная стела.

Промышленная нефтегазоносность Старогрозненского месторождения получила мировую известность. До революции здесь работали многие зарубежные компании. Первичные материалы о разведке и разработке залежей к сожалению утрачены.

Геологический разрез представлен отложениями от четвертичного до верхнетриасового возраста. Месторождение отличается чрезвычайно сложным геологическим строением и соотношением стратиграфических подразделений вплоть до повторения одновозрастных комплексов в разрезах пробуренных скважин.

По соотношению блоковых структур, многообразию типов залежей, характеру тектонических нарушений, выполняющих роль экранов или проводящих каналов месторождение может считаться хрестоматийным в нефтегазопромысловой геологии. Изучение и детализация геологического строения и перспектив нефтегазоносности месторождения небезуспешно продолжается по настоящее время.

Некоторые отступления в изложении материалов по трещинным коллекторам и залежам обусловлено исторической ролью этого месторождения в становлении и развитии нефтяной промышленности страны и данью уважения к геологам и буровикам, труды которых используются и поныне.

В 1963 году в разрезе Старогрозненского месторождения была установлена продуктивность карбонатных отложений верхнемеловой системы. При открытом фонтанировании скважины 641 из интервала 3806-3900 м максимальный приток безводной нефти составил 2,5 тыс. т/сут. Дебит газа – 250 тыс. м3/сут.

Верхнемеловая залежь приурочена к антиклинальному поднятию линейного типа. Начальное положение контакта нефти и воды определено по абсолютной отметке минус 4250 м. Площадь залежи в пределах контура нефтегазоносности 32,0×2,5 км (!). Высота 675 м. Коллектор трещинный. Резервуар тектонически экранированный. Залежь массивная.

В процессе разработки залежи наблюдается равномерный подъем ВНК и в случае значительных темпов отбора нефти. Не зафиксированы данные о промышленных потерях нефти в недрах после подъема водонефтяного контакта. Наконец, не отмечены прорывы пластовых вод к забоям скважин (языки обводнения), характерные при эксплуатации залежей гранулярных коллекторов.

Приведенные факторы были объяснены эффективностью системы разработки залежей, а не особенностями нефтеводонасыщения трещинных резервуаров.

Верхнемеловая залежь характеризуется аномально высоким пластовым давлением около 70,0 МПа и температурой до 1500С. Естественный режим дренирования залежи замкнутоупруговодонапорный. Отмечается гидродинамическая связь продуктивных отложений по площади и разрезу. Необычным является быстрое перераспределение давления в объеме залежи.

Более десяти лет залежь разрабатывалась на естественном режиме, за счет использования запасов энергии замкнутой системы. Давление залежи снизилось с 67 до 36МПа. При высоких темпах отборов нефти водонефтяной контакт продвигался относительно равномерно. Опробование заводненного объема залежи во многих скважинах показало полное отсутствие нефти. То есть, отмечено полное отсутствие «целиков» или линз, не охваченных заводнением в процессе разработки месторождения. В единичных скважинах при появлении воды достаточно было уменьшить размер штуцера и скважина снова переходила на безводное фонтанирование нефтью. Но в короткий период скважины снова обводнялись.

Необъяснимым оставалось явление, когда неоднократно подсчитанные запасы нефти и растворенного газа значительно превосходили полезный объем ловушки, ограниченной нижней замыкающей изолинией. Величины подсчетных параметров принимались по предельным значениям. Один из самых труднодостижимых, коэффициент извлечения нефти (КИН) принимался равным и более 0,8. Что более чем в два раза превышает опыт разработки многих сотен месторождений не только в пределах России, но и в зарубежных странах. Имеют место и примеры «отрицательной» добычи, превосходящей возможные варианты общепринятых методов подсчета запасов.

Все это объясняется тем, что залежи нефти трещинных коллекторов моделировались по подобию нефтеводонасыщения гранулярных, поровых коллекторов. Без учета особенностей пространственного размещения залежей в трещинных резервуарах.

Плотность верхнемеловой нефти 0,823 г/см3. Вязкость 0,19 мПа.с. Содержание парафина 9,5%, серы 0,09%, смол 0,42%. Растворенный газ относится к жирным. Относительная плотность по воздуху 0,996. Газовый фактор 483 м3/т.

Повторы об особенностях нефтеносности трещинных коллекторов обусловлены необходимостью обозначить проблему на примерах конкретных месторождений, которая многие годы оставалась неразрешенной.

Ханкальское месторождение

Верхнемеловая залежь открыта в 1981 году при опробовании скважины 1 в интервале 5360-5460 м. Получен фонтан безводной нефти. Дебит нефти 149 м3/сут. Дебит газа 148 тыс. м3/сут. Бурение последующих скважин подтвердило наличие промышленных скоплений углеводородов в отложениях датского и верхнемелового возрастов.

Залежь размещена в линейном антиклинальном поднятии. Тип коллектора трещинно-кавернозный. Начальное положение водонефтяного контакта определено на гипсометрических отметках минус 5330 м (северное крыло) и минус 5400 м (южное крыло). Размеры залежи 23,0×2,5 км. Высота 415 м. Тип залежи массивный с элементами тектонического и литологического ограничения .

Нефть легка. Плотность 0,793 г/см3. Вязкость 0,16 мПа.с. Малосернистая (0,15%), малосмолистая (1,5%), парафинистая (9,5%). Растворенный в нефти газ легкий, метановый с незначительным количеством тяжелых компонентов. Относительная плотность газа по воздуху 0,787. Давление насыщения 32,5 МПа. Газовый фактор 1066 м3/т. Величина его существенно отличается от всех ранее рассмотренных месторождений. Такое значение позволяет предположить наличие газовой шапки.

Начальное пластовое давление залежи, приведенное к отметке минус 5277 м составляет величину 76,1 МПа.

Месторождение Хаян-Корт

Верхнемеловая залежь открыта в 1959 году при опробовании скважины 5. Из интервала перфорации 3585-3646 м получен приток нефти с водой. Дебит нефти 12 т/сут. Дебит пластовой воды 15м3/сут. Из последующих пробуренных и опробованных скважин получены притоки безводной нефти, дебиты по которым изменялись в пределах от 44т/сут. до 435 т/сут.

Залежь приурочена к линейной антиклинальной складке субширотного простирания. С севера и юга поднятие ограничено продольными тектоническими нарушениями. В западной присводовой зоне складки установлены три поперечных разлома.

Начальный контакт нефти и воды (ВНК) на западе контролируется гипсометрической отметкой минус 3230 м. На востоке—минус 3300 м. Коллектор трещинно-кавернозный. Размеры продуктивного поля 30,0×2,2 км. Высота 470 м. Тип залежи массивный с элементами тектонического экранирования .

Нефть верхнемеловой залежи имеет плотность 0,817 г/см3. Вязкость 0,37мПа.с. Нефть парафинистая (4,9%), малосмолистая (1,9%), малосернистая (0,12%). Растворенный газ жирный. Содержание метана до 70,6%. Относительная плотность по воздуху 0,964. Температура пласта 1330С. Газонасыщение нефти 480 м3/т. Давление насыщения 33,4МПа.

Месторождение Червленное

Червленное месторождение находиться на территории Шелковского района Чеченской Республики, в 30-35 км к северо-востоку от г. Грозного, на левом берегу р. Терек, в непосредственной близости к станице Червленной. Вскрытый бурением осадочный чехол представлен отложениями кайнозойской и мезозойской групп.

Породы кайнозойской толщи представлены преимущественно песчаниками и глинами с прослоями различных по толщине мергелей, количество которых возрастает с глубиной. В нижней части толщи отмечены прослои и конкреции сидерита. Общая толщина кайнозойского комплекса колеблется в пределах 1800-2000 м.

Мезозойская группа представлена отложениями меловой системы, которые существенно различаются по литологическим признакам пород и характеру порового пространства. Верхний отдел системы включает все ярусы и сложен типично карбонатными породами. Это известняки серые, иногда с кремоватым оттенком, микро—и мелкозернистые, крепкие с тонкими прослоями глин, глинистых известняков и мергелей

Промышленная нефтегазоносность установлена в 1980 году и связана с наличием залежи в верхнемеловых карбонатных отложениях. Представления о строении поднятия и пространственном размещении залежи нефти верхнемеловых отложений существенно менялись во времени. По состоянию на 1989 год контур нефтеносности залежи практически совпадал с положением замыкающей изолинии Червленного поднятия. Результаты опробования скважин 10, 11, 12, 16, как и по другим верхнемеловым залежам, не укладывались в общие представления о распределении нефтеносности в карбонатном резервуаре. Не согласовывалось получение пластовой воды на высоких гипсометрических отметках. Отсутствие притоков по скважинам из продуктовых отложений объяснялось блоковым строением поднятия. Размеры залежи ограничивались северо-восточным блоком при отсутствии нефти в других, занимающих более благоприятное гипсометрическое положение.

Блоковое строение позволяло устранить все «несоответствия» геологических данных, полученных в процессе разбуривания месторождения.

Червленное поднятие размером 8,0×2,0 км и высотой 200 м разбито нарушениями на три блока. Промышленная залежь установлена в северо-

восточном блоке. Размеры – 2,7×0,625 км. Ловушка тектонически экранированная. Тип залежи—массивный. Отметка водонефтяного контакта обоснована на абсолютной глубине минус 5240 м. Юго-восточная граница залежи условно принята расположенной между продуктивной скважиной 15 и скважиной 12, из которой приток флюида вызвать не удалось. С юга залежь ограничена тектоническим нарушением, построенным по данным сейсмических исследований.

Промышленные притоки нефти получены из двух скважин – 9 и 15. Дебиты достигали 300т/сут. Из законтурных скважин получены слабые, затухающие притоки пластовой воды. Остальные скважины оказались за пределами коллектора. Опробованные интервалы оказались «сухими». Притоки флюидов вызвать не удалось и при проведении кислотных обработок призабойных зон скважин. Матрица известняков оказалась непроницаемой.

Нефть легкая. Плотность 0,835 г/см3. Малосернистая (0,17%), малосмолистая (0,67%), слабопарафинистая (5,6%). Вязкость нефти 0,4 мПа.с. Растворенный газ, в основном, представлен метаном (60,4%), этаном (15,4%) и бутаном (10,7%). Газовый фактор 234 м3/т.

Эльдаровское месторождение

Промышленная нефтегазоносность выявлена в караганском и чокракском горизонтах, фораминиферовых, верхнемеловых и нижнемеловых отложениях.

Верхнемеловая залежь нефти в карбонатных породах установлена в 1964 году. Глубина залегания продуктивных отложений 3600-4300 м. Залежь приурочена к линейной складке запад-северо-западного простирания. Складка ограничена продольными тектоническими нарушениями. С севера и юга они четко обрамляют структурное поднятие, практически смыкаясь на восточной периклинали. Поперечное нарушение отсекает западную периклиналь .

По результатам опробования скважин отметка водонефтяного контакта принята расположенной на абсолютной глубине минус 4000 м. Размеры залежи 19,5×2,5 км. Высота 700 м. Тип залежи массивный с элементами тектонического экранирования. Коллектор трещинно-кавернозный.

Начальные дебиты достигали 700-1000 т/сут. Газовый фактор 250-260 м3/сут. при давлении насыщения 25,5 МПа.

Нефть малосернистая, малосмолистая (12,2%), высокопарафинистая. Плотность 0,825 г/см3. Содержание легких фракций при температуре 3000С составили 54-56%. Плотность растворенного газа по воздуху 0,913.

Начальное пластовое давление 58,8 МПа. Геологические и извлеченные запасы по Эльдаровскому месторождению пересчитывались неоднократно. Во всех вариантах – в сторону существенного увеличения.

Байджановское месторождение

Байджановское месторождение нефти расположено в пределах Прикумской нефтегазоносной провинции Восточного Предкавказья, в 46 км к северо-востоку от г. Нефтекумск. Месторождение открыто в 1978 году скважиной 1, установившей наличие залежи в известняках кровли нефтекумской свиты нижнетриасовых отложений.

Продуктивные отложения сложены биогермными известняками светлосерыми и белыми, массивными с незначительным содержанием алевролитовой примеси. В разрез толщи широко развиты порово-кавернозные пустоты, заполненные кальцитом и доломитом. Участки известняков перекристаллизованы (мраморовидные), крустифицированы. Содержат значительное количество органического детрита. Биогермным разностям сопутствуют хемогенные, органогенно-обломочные и биохимические разности.

Коллекторами являются трещинные, неравномерно кавернозные известняки и доломиты. Трещины тонкие – 0,015-0,11 мм. Вторичная пористость известняков изменяется в пределах 0,53-2,0%. Среднее значение 1,2%. По одному образцу керна проницаемость составляла величину 0,15 мД. Толщина свиты 340 м.

Залежь нефти приурочена к биогермной постройке. На структурной карте представлена антиклинальным поднятием линейного простирания амплитудой более 200 м. Водонефтяной контакт и контур нефтеносности приняты горизонтальными на абсолютной отметке минус 4318 м – по подошве опробованного продуктивного пласта. Размеры залежи 2,8×1,2 км. Высота 53 м .

1.2. НЕСТАНДАРТНЫЕ НЕФТЕВОДЯНЫЕ ЗАЛЕЖИ ВОСТОЧНОГО ПРЕДКАВКАЗЬЯ

В Предкавказской нефтегазоносной провинции открыто более двух десятков месторождений с нестандартным размещением подвижных флюидов в трещинных коллекторах верхнемеловых отложений. Необычным явилось насыщение пород нефтью и водой по всей продуктивной толще карбонатного разреза.

Такие результаты получены в пятидесяти скважинах собственно Ачикулакского месторождения и более чем в 1000 интервалах Белозерского, Владимирского, Курган-Амур, Лесного, Мектебского, Нефтекумского и других месторождений, многие из которых прибывали в длительной эксплуатации. Результаты по таким месторождениям долгое время ставились под сомнение – они противоречили классическому распределению углеводородов в пределах единого резервуара. Все месторождения, приурочены к малоамплитудным современным поднятиям. Залежи располагаются ниже уровня «структурного замка», смещены на периклинальные окончания структур с получением технологически качественных притоков пластовой воды в сводах и присводовых участков поднятий. Под водонефтяным контактом таких залежей понимается поверхность, ниже которой получают воду, выше – нефть с водой.

Ниже приведено описание геологического строения наиболее изученных, характерных и нестандартных месторождений. По Ачикулакскому – они кратко повторены и подробно отражены при обосновании новых представлений о нефтеводонасыщении трещинных коллекторов.

Ачикулакское месторождение

Ачикулакское месторождение расположено в 25 км от г. Нефтекумск и в 75 км от г. Буденновск. Поднятие выявлено в 1950 году. В процессе проведения геологоразведочных работ установлена промышленная нефтегазоносность хадукского, белоглинского и кумского горизонтов, а также нижнее—и верхнемеловых отложений.

Вскрытый геологический разрез представлен породами палеозоя, мезозоя и кайнозоя.

Вся толща верхнемеловых отложений представлена известняками от темно-серых до белых, мелоподобных с редкими прослоями мергелей. Породы очень крепкие. Встречаются сутуростилолитовые швы.

Матрица известняков состоит из мельчайших планктонных водорослей кокколитофорид с размерами пор до 2 мкм. Аномальный слой связанной воды также равен 2 мкм. Следовательно, поры (трещины) до 4-5 мкм способны содержать только связанную воду и непроницаемы для подвижных флюидов. Высокое содержание карбонатов, до 99%, обусловливает повышенную трещиноватость пород. Раскрытость трещин достигает 40-50 мкм. Визуальное изучение и лабораторные исследования керна Ачикулакского месторождения свидетельствует о значительной вертикальной трещиноватости пород до 500 1/м. Последняя обуславливает образование в плотных карбонатных породах гидродинамически единого резервуара со сложным характером нефтеводонасыщения коллекторов.

Ачикулакская структура входит в состав Прасковейской зоны поднятий платформенной части Восточного Предкавказья. Структурная выраженность складки по замыкающей изолинии минус 2510 м отвечает антиклинальному поднятию с размерами 29,0×8 км и амплитудой 25 м. Углы падения пород на крыльях колеблются в пределах 0035'—0025'(рис. 1).

Плотность нефти в пластовых условиях 0,772 г/см3, дегазированной 0,851-0,867 г/см3. Вязкость нефти в пластовых условиях 1,13 мПа·с. Выход светлых

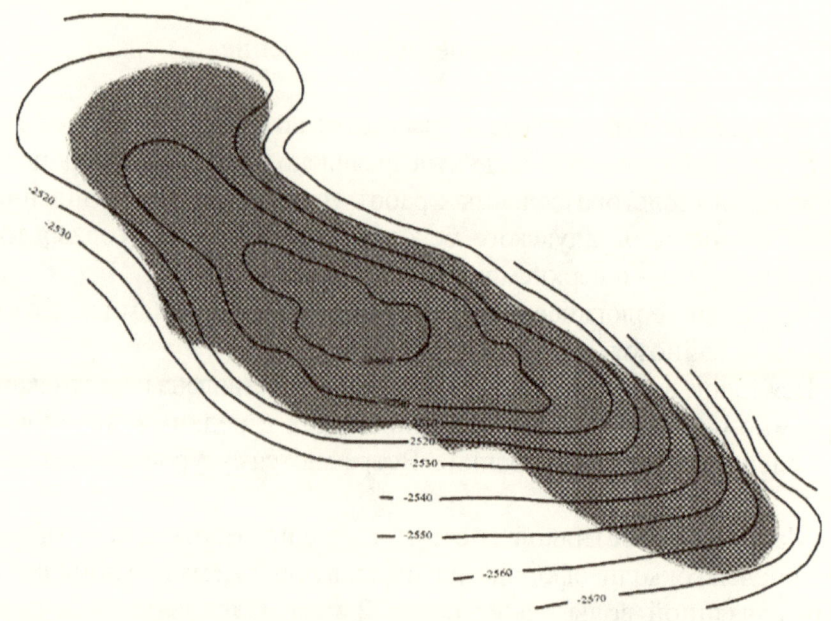

Рис.1 Ачикулакское месторождение(1980 г.)

фракций при температуре 3000С достигает 51%. Содержание смол от 8,8 до 12,0 %, парафинов 6,2-9,8%, серы 0,14-0,26%, газовый фактор 36 м3/т.

Растворенный газ пропан-этанового типа. По своему составу относится к жирным составляющим. Содержание метана около 60%. Относительный удельный вес по воздуху в пределах 0,978 – 1,076.

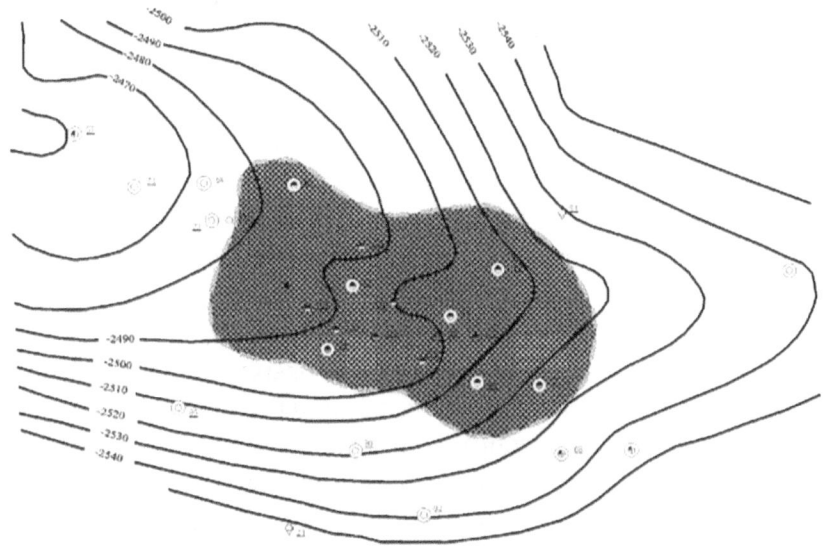

Рис.2 Прасковейское месторождение

Пластовые воды приходятся на зону аномально повышенных напоров. Значения абсолютных отметок приведенных пьезометрических уровней достигают +560 м. Минерализация изменяется от 31 до 53 г/л. В водах присутствуют микроэлементы – йод, бром, бор. Воды хлоридного натриево-кальциевого состава.

Прасковейское месторождение

Прасковейское месторождение приурочено к Ачикулакскому валу, осложняющему южную часть Прикумской зоны поднятий платформенной области Восточного Предкавказья. По кровле маастрихтского яруса размеры антиклинальной складки 22,0×6,0 км. Амплитуда 30 м. Углы падения крыльев от 10 до 1030'. Свод поднятия приходиться на район скважин 49, 38, 5.

По более высоким структурным поверхностям амплитуда Прасковейского поднятия постепенно сокращается, и объединяется с Чкаловским поднятием (белоглинская свита). По подошве среднего чокрака Прасковейская структура утрачивает свою выраженность.

Нефтеводяная залежь маастрихтского яруса расположена в осевой зоне юго-восточного погружения собственно Прасковейского поднятия (рис. 2). На всех уровнях продуктивной толщи при опробовании скважины получены притоки нефти с водой. Дебиты нефти колеблются в пределах 4-130 м3/сут. Содержание нефти в продукции скважины изменяется от 3 до 90%, закономерно уменьшаясь от центральной части залежи к периферийным участкам продуктивного поля. Экстраполяция этой закономерности соответствует линии с нулевым нефтесодержанием, которая и принимается за контур нефтегазоносности маастрихтской залежи.

Нефть легкая. Плотность нефти в пластовых условиях 0,726 г/см3, в поверхностных – 0,857 г/см3. Вязкость 0,657 мПа·с. Содержание смол около 9%, асфальтенов 2%. Выход светлых фракций при температуре 3500С – 63%. Газовый фактор—60 м3/т. Растворенный газ жирный. Пропан-этанового типа. Содержание метана 46%. Пластовая температура около 1400С. Пластовое давления 32 МПа.

Лесное месторождение

Месторождение Лесное открыто в 1971 году. Находится в северо-западной части Затеречной равнины на территории Ставропольского края, в 25 км от г. Нефтекумск и в 50 км от г. Буденновск.

Поднятие Лесное входит в состав Прасковейско-Ачикулакской зоны Прикумской системы поднятий. По кровле маастрихтского яруса, представлено ассиметричной открытой структурой в форме структурного носа с простиранием оси с северо-запада на юго-восток . С относительно крутым северо-восточным крылом и пологим—юго-западным. В пределах изолинии минус 2910 м, размеры поднятии 11,0×3,0 км. Высота 117м. Палеоструктурный анализ показал, что очертание Лесного поднятия, как и Ачикулакского, претерпевает существенные изменения во времени. Вследствие этого наилучшие коллекторские свойства оказались на погружении современного структурного поднятия. Маастрихтский ярус представлен известняками светло-серыми до белых с кремоватым или зеленоватым оттенками. Известняки кальцитовые. Сложены обломками кокколитофорид, мелкозернистым порошкообразным кальцитом. Встречаются раковины фораминифер и обломки иноцерамов. Карбонатность изменяется от 75 до 96%. Терригенная часть представлена глинистым материалом. Основной объем продуктивной толщи – это мелоподобные известняки средней крепости. Трещиноватые с двумя системами трещин – вертикальных и горизонтальных. Трещины прямые. С ровными стенками. Открытые с расстояниями между трещинами до 70 мм.

Литологическая однородность и тектоническая трещиноватость известняков маастрихтского яруса позволяет считать, что вся карбонатная толща представляет собой единый резервуар. Ловушками скоплений углеводородов служат зоны интенсивной трещиноватости пород, которые развиты больше в пределах сводов палеоантиклинальных поднятий. Полевыми и лабораторными исследованиями установлено, что на платформенных структурах наибольшая трещиноватость тяготеет к сводам поднятий, и нередко распространяется до подошвы карбонатного разреза. Вследствие этого, граница залежи контролируется пределами распространения и затухания трещиноватости пород. Тип залежи – массивный.

Залежь нефти в маастрихтском ярусе является неординарной с нетрадиционным размещении нефти и воды по всей карбонатной продуктивной толще. Залежь смещена относительно современного свода. Водонефтяной контакт определен по материалам опробования скважин с учетом геофизических исследований. Построенная по этим данным поверхность водонефтяного контакта—нижней границей залежи, как и по вышеописанным месторождениям, имеет чашеобразную форму, которая обеспечивает наличие залежей, превышающей объем палеоловушки.

Верхнемеловая нефть относиться к числу легких. Плотность 0,857. Малосернистая – 0,19%. Среднее число смол составляет—10,9%, . Асфальтенов 3,1%. Парафина 6,1%. Динамическая вязкость 1,3мПа·с. При температуре 350 0С выход светлых фракций равен 70%. Плотность нефти в пластовых условиях 0,717 г/см3. Давление насыщения 7,2 МПа. Газовый фактор 76,8 м3/т.

Растворенный газ жирный. Пропан-метанового типа. Содержание метана 37,1%.

Минерализация пластовой воды верхнемелового комплекса изменяется в пределах 34,0 – 63,0 г/л. Воды хлоридного натриевого типа. Абсолютная отметка пьезометрического уровня +490 м. Воды содержат полезные микроэлементы – йод, бром, бор.

Разведка последующих нестандартных месторождений – Урожайненского, Подсолнечного, Курган-Амур, Зимняя Ставка и других, кроме статистики, не дала дополнительных объяснений особенностей нефтеводонасыщения трещинных карбонатных коллекторов. Вследствие этого, не представляется целесообразным их рассмотрения. Чашеобразная форма нижней границы залежи в последующем была принята многими исследователями Центрального Предкавказья.

1.3. ОБЩЕПРИНЯТАЯ СХЕМА РАЗМЕЩЕНИЯ ЗАЛЕЖЕЙ В ТРЕЩИННЫХ КОЛЛЕКТОРАХ

Краткий обзор традиционных и нестандартных по характеру насыщения месторождений и залежей верхнемеловых отложений с разделением нефти и воды согласно удельных весов и приуроченных к трещинным коллекторам свидетельствует о том, что методические приемы построения графическим моделей остались одинаковыми с геометризацией залежей гранулярных коллекторов. Границы нефти и воды также моделируются, как плоскости горизонтальные или наклонные. В случае если нефте—и водонасыщенные интервалы опробования скважин перекрывались по глубинам, такие участки разделялись условными тектоническими нарушениями. Положение таких нарушений устанавливалось материалами переинтерпретации исходных сейсмических данных. Это усиливало субъективный фактор и ошибочное понимание законов нефтенасыщения реальных трещинных коллекторов.

В результате строение антиклинальных поднятий усложнилось наличием блоков с автономными продуктивными полями, с различными отметками нефтегазоводяных контактов.

Свидетельством этому служат многочисленные структурные построения по поверхности резервуаров большинства исследованных месторождений, примеры которых сопровождают описание залежей, приуроченных к трещинным коллекторам.

По ряду месторождений – Старогрозненскому, Эльдаровскому и другим, запасы залежей трещинных коллекторов неоднократно пересчитывались в сторону их увеличения. Суммарная добыча нефти не укладывалась в объем структурной ловушки. Несоответствия вариантных запасов корректировалось

предельными значениями подсчетных параметров и в, частности, величиной коэффициента извлечения нефти. Но и при таких «допусках» добыча нередко превышала подсчитанные начальные извлекаемые запасы залежи и условно названа «отрицательной».

На рисунке 3 приведены общепринятые представления о размещении и графических моделях залежей нефти и газа, приуроченных к трещинным коллекторам. Открытое, эффективное пространство плотной карбонатной породы обуславливалось наличием пустот выщелачивания, структурно-стилолитовых швов, горизонтальной и вертикальной трещиноватостью. Исключался главенствующий – тектонический фактор образования эффективных пустот. Поверхности разделов флюидов – газа и нефти, нефти и пластовой воды – моделировались, как плоскости, горизонтальные или наклонные. В случаях гипсометрического несоответствия нефте—и водонасыщенных интервалов в геологических разрезах скважин, единое продуктивное поле залежи разделялось тектоническим нарушением на автономные участки с соответствующими отметками раздела нефти и воды (ВНК).

Положение разрывных нарушений в пределах залежи принималось условно или по материалам переинтерпретации сейсмических данных. Поверхности нарушений моделировались, как вертикальные плоскости.

Исключалось нефтеводонасыщение пород по всему разрезу продуктивной толщи. Эти и другие несоответствия с общепринятой схемой моделирования залежей трещинных коллекторов были объяснены и устранены при анализе всего комплекса геолого-промысловых данных и разработке теоретических основ и новых методов графического построения залежей углеводородов с учетом особенностей пустотного пространства трещинных коллекторов.

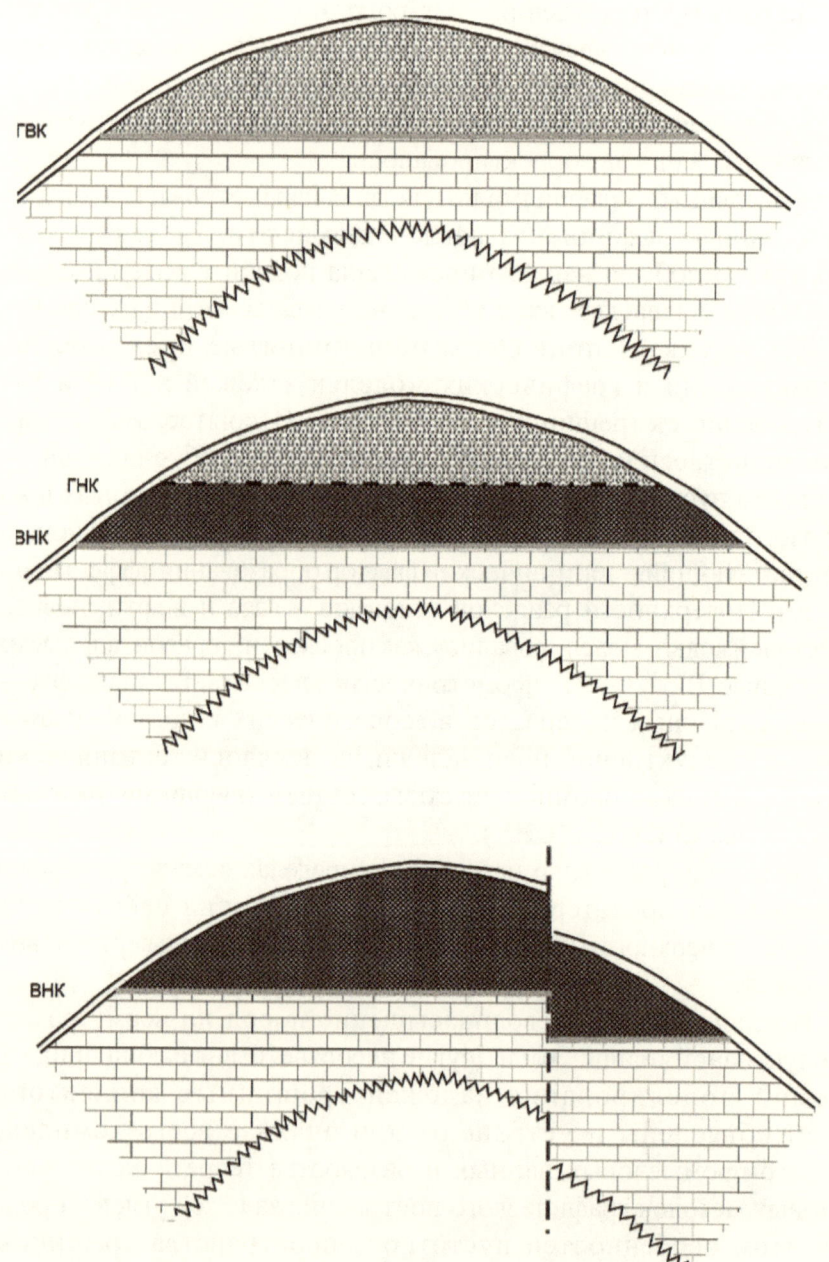

Рис.3 Общепринятая схема моделирования залежей
нефти и газа в трещинных коллекторах

РАЗДЕЛ II

ТЕОРЕТИЧЕСКИЕ ОСНОВЫ ФОРМИРОВАНИЯ ТРЕЩИННЫХ РЕЗЕРВУАРОВ И ЗАЛЕЖЕЙ УГЛЕВОДОРОДОВ

2.1. ОБОСНОВАНИЕ И ВЫБОР БАЗОВЫХ МЕСТОРОЖДЕНИЙ

Из числа разведанных и разрабатываемых месторождений региона Центрального и Восточного Предкавказья выбраны те, по которым объем и качество геолого-промысловых и исследовательских материалов позволили однозначно доказать особенности пространственного размещения углеводородов в трещинных резервуарах. Результаты обобщения и анализ данных послужили основой разработки новых представлений и практики геометризации резервуаров и залежей нефти и газа. Часть методических решений прошла апробацию при защите запасов в Государственной Комиссии полезных ископаемых при Совете Министров СССР и Российской Федерации.

Исследованы более сорока месторождений. Общим полигоном для всех месторождений является принадлежность к единой региональной продуктивной карбонатной толще верхнемеловых отложений Центрального и Восточного Предкавказья. Принципиальным и необъяснимым, прежде всего, явилось присутствие двух характеров нефтеводонасыщения трещинных резервуаров. В литологически единой толще сформированы нефтяные залежи классического типа с четким разделением флюидов согласно их удельных весов и нефтеводяные залежи, продуктивная часть которых по всей толщине оказалась насыщена подвижными нефтью и водой. Длительная разработка и количество таких месторождений подтвердили наличие нестандартных залежей. Но теоретические основы и природа нефтеводонасыщения трещинных резервуаров длительное время оставались дискуссионными.

Обширный материал и длительная эксплуатация одних месторождений послужили основанием разработать теоретические основы геометризации трещинных резервуаров и залежей нефти и газа. Материалы других в качестве многочисленных примеров дополнили доказательную базу и перечень новых методических решений. А также обозначили различные аспекты одной из важнейших проблем современной нефтегазопромысловой геологии – пространственное размещение резервуаров и залежей в трещинных коллекторах для целей достоверного подсчета запасов и эффективной разработки залежей углеводородов.

В течение многих лет получение нефти и воды на всех уровнях продуктивного разреза объяснялось некачественным проведением опробовательских работ в разведочных и эксплуатационных скважинах. И только в 1980 году запасы по одному из таких месторождений были представлены в ГКЗ СССР. Новый тип нефтеводяных залежей Ачикулакского месторождения дополнил общеизвестную Классификацию типов ловушек залежей нефти и газа.

Последующие разведочные работы на территории Прикумского нефтегазоносного региона подтвердили наличие нефтеводяных залежей в плотной карбонатной толще верхнего мела. В процессе разбуривания территории открыто и пребывало в длительной эксплуатации около пятнадцати таких месторождений с чашеобразной формой нефтеводяного контакта. Изучение дополнительных материалов по Ачикулакскому и подобным месторождениям позволили расшифровать и доказать единую природу и характер пространственного размещения залежей нефти также приуроченных к трещинным резервуарам, но с классическим размещением флюидов согласно их удельных весов. Геолого-промысловые данные Брагунского, Червленного и других месторождений позволили доказать зональность распределения трещинных коллекторов по площади и разрезу. Результаты опробования Брагунского и Октябрьского месторождений четко обозначили закономерность изменения дебитов нефти (и воды) по скважинам в пределах продуктивных полей и по обрамлению залежей, подтвердив зональное размещение трещинных коллекторов.

Доказана природа трещиноватости пород и роль тектонического фактора при образовании полезной емкости трещинных резервуаров. Это позволило использовать тектонический фактор и степень его проявления в качестве поискового признака различных типов залежей в плотных трещиноватых породах. Вот почему Ачикулакское и некоторые другие месторождения представляются базовыми при изучении природы и нефтеводонасыщения трещинных резервуаров.

Материалы по таким месторождениям – полностью или фрагментарно будут даны в расширенном варианте.

2.2. АЧИКУЛАКСКОЕ НЕФТЕВОДЯНОЕ МЕСТОРОЖДЕНИЕ—БАЗОВОЕ В ПОЗНАНИИ ОСОБЕННОСТЕЙ ПРОСТРАНСТВЕННОГО РАЗМЕЩЕНИЯ УГЛЕВОДОРОДОВ В ТРЕЩИННЫХ КОЛЛЕКТОРАХ

О наличии залежи нефти в маастрихтском ярусе верхнемеловых отложений Ачикулакского месторождения свидетельствуют результаты опробования и эксплуатации многочисленных скважин с получением притоков нефти и пластовой воды на различных уровнях семидесятиметровой плотной карбонатной толщи. По обрамлению продуктивного поля располагаются скважины, из которых были получены притоки пластовой воды без признаков нефти. Дебиты жидкости изменялись от 3,0 до 200 м3/сут. Объем залежи более чем в два раза превышал объем ловушки. Данные опробования разведочных и эксплуатационных скважин длительное время ставились под сомнение. Одновременное поступление нефти и воды из перфорированных интервалов опробования объяснялось техническим состоянием скважин – нарушением герметичности колонн, отсутствием цементного кольца за колонной и другими причинами. Результаты многократно проверялись. Но оставались практически неизменными. Число «сомнительных» скважин только увеличивалось. Но, ни в одной из скважин приток безводной нефти так и не был получен.

В попытке объяснить повсеместное получение притоков нефти и воды из продуктивной части отложений карбонатной толщи, кроме технического состояния скважин Ачикулакского и подобных месторождений Прикумского региона, возникали и другие варианты предположений, основанные на геологическом многообразий условий формировании залежей нефти и газа.

Одни исследователи объясняли получение нефти и воды наличием толщи переслаивания нефтенасыщенных и водонасыщенных пропластков, когда интервалы опробования перекрывают комплекс таких отложений. Подобные результаты довольно часто встречаются в практике проведения поисково-разведочных и эксплуатационных работ. Однако в этом случае имеет место не общий для всех прослоев резервуар, а комплекс автономных пластовых ловушек с изолированными залежами нефти. Для таких толщ применяется понятие «слоеный пирог».

Другие оппоненты считали, что нефть с водой можно получить из так называемых «переходных зон». Подобно залежам, размещенным в терригенных (поровых) коллекторах, с ухудшенными емкостными параметрами горных пород. Литологические особенности терригенных резервуаров и физико-химические свойства флюидов обуславливают наличие таких явлений в основании залежей на границе с водонасыщенной частью продуктивных отложений. Процентное содержание нефти в переходных зонах возрастает от водонефтяного контакта до предела насыщения залежи соответствующим углеводородным флюидом. Одновременно при этом содержание свободной воды сокращается практически до нуля. Но не по всей продуктивной толще.

Одно из объяснений получения притоков нефти с водой связывают с разработкой залежей и нарушением гидродинамического равновесия в резервуарах, содержащих обычную нефтяную залежь. В трещинном коллекторе можно получить приток воды из заведомо нефтенасыщенной части резервуара или нефть – из водонасыщенной зоны продуктивных отложений. Однако при таком предположении в начальный период эксплуатации залежей из скважин будет поступать продукция, отвечающая истинному насыщению резервуара подвижными флюидами. В Западной Сибири, на Северо-Покурском месторождении встречены эмульсионные залежи, в которых содержание воды достигает 50%. В отличие от залежей такого типа нефть и вода маастрихтского яруса устойчивой эмульсии не образуют.

Залежь нефти Ачикулакского месторождения не укладывается ни в одну из рассмотренных схем нефтеводонасыщения продуктивных отложений, представленных трещинным коллектором.

С 1976 года Ачикулакская залежь, первая в Прикумском нефтегазоносном регионе, находится в разработке. Извлечено значительное количество нефти при начальном обводнении продукции скважин до 45%. Высокая степень разбуренности месторождения, комплексный геолого-промысловый анализ и длительная эксплуатация позволили обосновать наиболее вероятную модель резервуара и залежи, разработать способы её геометризации и подсчитать в ее пределах промышленные запасы нефти и растворенного газа с представлением в ГКЗ СССР.

На рисунке 4 показаны основные геологические модели Ачикулакской залежи маастрихтского яруса верхнемеловых отложений – корреляционный профиль, структурная карта и модель нефтеводяной залежи.

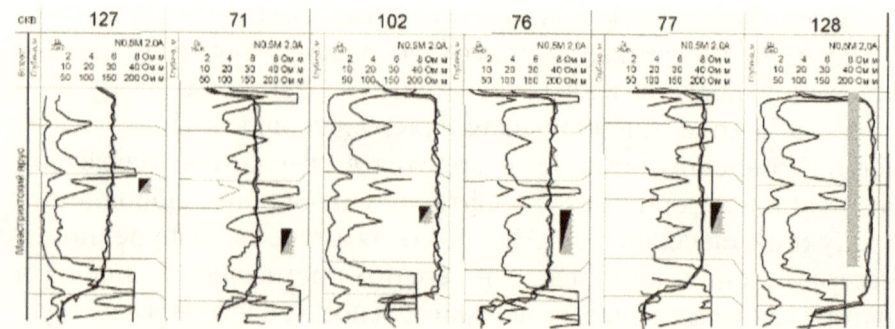

1. Корреляционный профиль

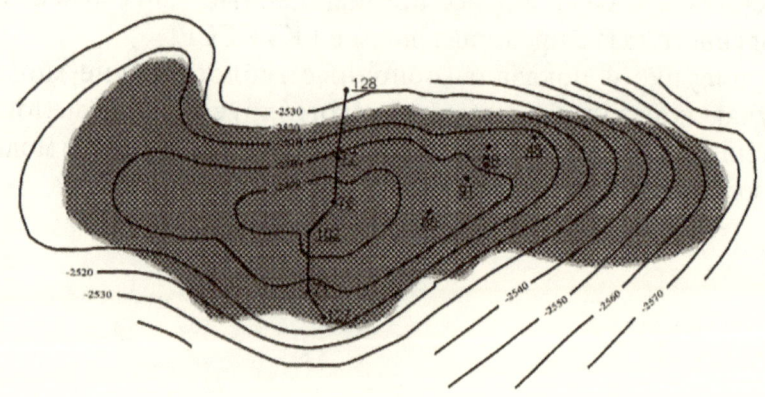

2. Структурная карта

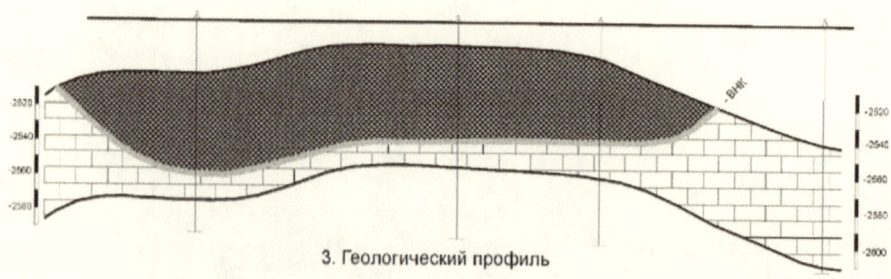

3. Геологический профиль

Рис.4 Ачикулакское месторождение—новый тип
нефтеводонасыщения трещинных коллекторов

Корреляционный профиль через скважины 7-71-102-76-77-128 свидетельствует об абсолютном пометровом совпадении геологических разрезов карбонатной толщи. На профиле также приведены результаты опробования скважин, которые свидетельствуют о получении притоков нефти и воды в пределах залежи и получения пластовой воды без признаков нефти за пределами продуктивного объема.

Структурная карта по кровле маастрихтского яруса позволяет определить амплитуду Ачикулакского поднятия по положению замкнутой изолинии структурной ловушки. Кроме того, карта иллюстрирует значительное смещение залежи нефти относительно современного свода структурного поднятия. Наконец, показана модель нетипичной нефтеводяной залежи с чашеобразной формой раздела продуктивной и водонасыщенной частей резервуара карбонатной толщи.

По промыслово-геофизическим данным установлено, что выделяемый между средней и нижней частями разреза маастрихтских отложений плотный прослой на значительных участках, обрамляющих залежь, и в ее центральной части утрачивает свойства экрана. При этом образуются «проницаемые окна». На этих участках при наличии вертикальной трещиноватости маастрихтские отложения Ачакулакского месторождения представляют единый гидродинамический резервуар. Кровля резервуара однозначно устанавливается по промыслово-геофизическим данным и соответствует уровню, ниже которого отмечается вторичная пустотность (трещиноватость). Поровое пространство резервуара имеет сложное строение, обусловленное неравномерной трещиноватостью пород, различной раскрытостью трещин и их проницаемостью. Все это находит отражение в характере насыщения коллектора. На основе анализа геологических, промыслово-геофизических, лабораторных данных и промысловых исследований, сделан вывод о том, что поры матрицы и трещины малой раскрытости практически непроницаемы для нефти. По всему разрезу карбонатной толщи они содержат связанную и свободную воду. Трещины повышенной раскрытости в пределах залежи содержат нефть и насыщены водой в законтурной части маастрихтского резервуара. В трещинах повышенной раскрытости нефть и вода дифференцируются и распределяются согласно плотностям флюидов насыщающих коллектор. Граница раздела нефти и воды в общей совокупности трещин повышенной раскрытости определяет положение поверхности, отделяющей залежь от непродуктивной зоны трещинного резервуара. Таким образом, степень раскрытости трещин, обуславливает дифференцирование насыщение пустотного пространства нефтью или водой, формируя нефтеводяную залежь. Этим и объясняется наличие нефти и воды на всех гипсометрических уровнях продуктивных отложений.

Соотношения нефти и воды в продукции скважин зависит от густоты и раскрытости трещин. Становиться понятным тот факт, что при снижении нефтенасыщенности пород с глубиной по ряду эксплуатационных скважин, отрабатывающие нижние интервалы залежи, содержание нефти в продукции скважины возрастает. По-видимому, на этот участок разреза приходиться большая доля трещин повышенной раскрытости. Такая модель коллектора и его насыщения согласуется с величиной нефтенасыщенности пород, которая определена Г.А. Полосиным по данным промыслово-геофизических исследований для трещинного карбонатного коллектора Ачикулакского месторождения. Средняя нефтенасыщенность пород в долях единицы 0,24, или 24% объема вторичных пустот резервуара. Эта величина отражает соотношение нефти и воды в трещинах маастрихтских отложений. На рисунке 4 показано, что залежь намного превышает объем структурной ловушки и смещена на юго-восточную периклиналь современного поднятия. Наклон залежи по гипсометрическим отметкам составляет 65 м. Смещение продуктивного поля по горизонтали более 5 км. Некоторые исследователи объясняют это гидродинамическими условиями или общим развитием структуры и зоны трещиноватости пород.

Однако установлено, что пространственное размещение резервуара и залежи контролировалось в основном палеоструктурными условиями. Об этом свидетельствует детальный палеоструктурный анализ развития верхнемелового структурного плана (рис. 5).

В течение длительного времени, начиная с верхнемелового и кончая миоценовым периодами развития структуры, в юго-восточной части площади, в районе скважины 88, 91,41,114 устойчиво развивался палеосвод Ачикулакского поднятия.

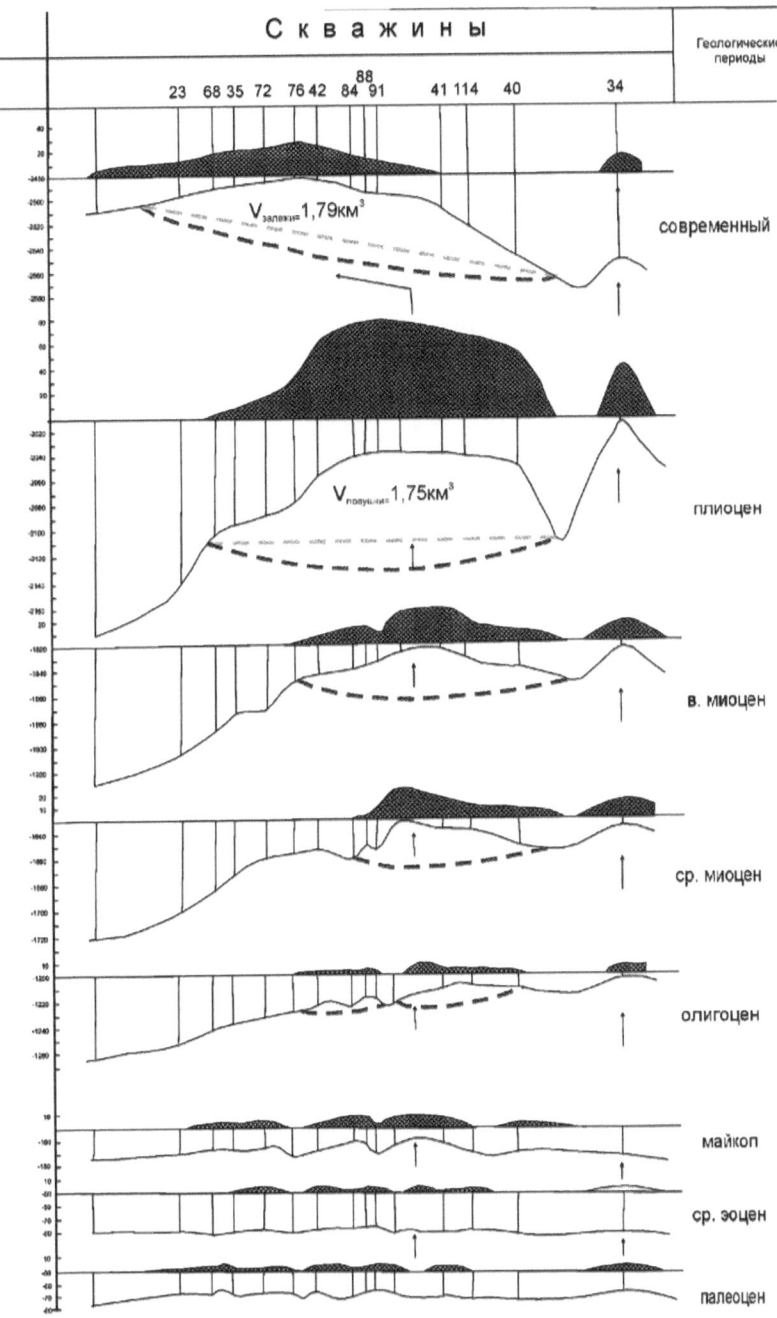

Рис.5 Палеоструктурные профили—этапы
геологического формирования Ачикулакского поднятия
(Борисенко Е.М., Борисенко З.Г. 1980г)

К началу палеогенового времени структурный план был дифференцирован на три малоамплитудных купола сложной конфигурации, которые имели практически единую палеогипсометрию. Наибольшими размерами характеризовался северо-западный купол, а наименьшими—юго-восточный. Следует отметить, что сложная конфигурация куполов обусловлена, кроме тектонического фактора, влиянием предпалеогенового размыва.

К началу среднеэоценового времени развитие верхнемелового структурного плана практически не изменилось. За исключением района скважины 34, где обозначился небольшой купол. К началу майкопского времени наибольшее развитие получил средний купол (район скв. 42, 84, 88, 91, 41). Палеоамплитуда его достигала 10 м, в то время как у северо-западного и юго-восточного куполов она не превысила 5 м.

В олигоценовое время продолжают развитие центральный и восточный куполы, приобретая плавные очертания. Северо-западный купол (район скв. 23, 68, 35, 72) испытывает значительно погружение и не получает своего развития. К концу олигоценового времени проявляется палеогипсометрическая дифференциация структурного плана, обусловленная региональным наклоном территории с юго-востока на северо-запад. В результате этого юго-восточный купол (район скв. 45, 41, 114) занимает наивысшее палеогипсометрическое положение.

К началу среднемиоценового времени региональный наклон проявляется более активно. Структурная выраженность упрощается. Получает развитие единая структура со сводом в районе скважины 91 с палеоамплитудой более 20 м и четко выраженными периклинальными окончаниями.

К началу верхнемиоценового времени отмечается дальнейшее развитие и рост структуры. Палеоамплитуда увеличивается до 26 м. Сводовая часть расширяется (скв. 45, 89, 91, 80, 108, 41). Структурная выраженность приближается к современной форме.

К началу плиоценового времени отмечалось дальнейшее развитие Ачикулакского поднятия, как единой четко выраженной структуры. И наиболее интенсивный ее рост. Палеоамплитуда достигает 78 м. Сводовая часть остается стабильной в районе скважин 89, 41 и расширяется к северо-западу (в районе скв. 30, 88, 84). Формы и размеры структуры аналогичны современным очертаниям.

В плиоценовое время произошла инверсия регионального наклона поверхности. В результате этого юго-восточная часть поднятия оказалась наиболее погруженной. Свод структуры сместился на 3,5 км, к северо-западу, в район скважин 42, 78, 25. Амплитуда поднятия уменьшилась до 25-30 м. Объем ловушки сократился в 2,6 раза. Палеосводу в современном плане отвечает юго-восточная периклиналь Ачикулакского поднятия. Это привело к частичному перераспределению ранее сформировавшейся залежи. Однако основной объем залежи остался в пределах палеоструктурной ловушки.

Таким образом, древнему верхнемеловому своду (район скв. 40, 114, 41, 91 . . . 84), устойчиво развивавшемуся в палеогеновое и миоценовое время, в современном структурном плане отвечает юго-восточная, наиболее погруженная периклиналь Ачикулакского поднятия. Сложный характер развития структуры обусловил своеобразное пространственное размещение нефтяной залежи в карбонатных отложениях маастрихтского яруса. Положение залежи четко соответствует древнему структурному плану – к началу плиоценового времени, который не совпадает с современными очертаниями поднятия.

В пределах древних сводов, в карбонатных отложениях маастрихтского яруса формировалась наибольшая трещиноватость плотных пород. Это отчетливо прослеживается по характеру изменения вторичной пустотности. Наибольшие значения ее соответствуют древним сводам, которые во времени испытывали постоянный рост. Поэтому зоны улучшенных коллекторских свойств с вторичной пустотностью в плане имеют неправильные очертания и отображают дифференцированное развитие древних сводов. Особенно, в нижнепалеогеновое время. Следовательно, формирование структуры и резервуара в карбонатных отложениях маастрихтского яруса верхнего мела обусловлено активным проявлением палеотектонического фактора.

Наконец, любопытным представляется восточное ограничение Ачикулакского поднятия. В большинстве геологических этапов, от среднего миоцена до плиоцена, положение восточной периклинали оставалось неизменным. Достаточно сопоставить эти ограничения вдоль вертикали, АБ (пунктирная линия). До момента проявления новых тектонических подвижек, ядро которых приходиться на западную часть структурного поднятия. В связи с этим, не исключено наличие палеосвода и в районе скважины 34.

Пространственно размещение основной залежи было подчинено палеоструктурному фактору, так как развитие структурного палеосвода сопровождалось образованием зон повышенной трещиноватости пород. Об этом свидетельствует распределение емкости вторичных пустот. По данным промыслово-геофизических исследований наибольшее значение этого параметра установлено в районе скважин 88-106 (8,9—6,9%) и 45-114 (6,0-5,5%) и приуроченно к палеосводу. В этом же участке отмечено повышенное содержание нефти в продукции скважин. Сравнительно быстрое и значительное падение пластового давления в процессе разработки залежи позволяет предположить, что зоны повышенной трещиноватости пород имеют ограниченное по площади распространение. Не исключено, что при падении давления до определенного уровня может произойти смыкание трещин, особенно трещин повышенной раскрытости, что приведет к снижению эксплуатационных показателей залежи в целом.

Палеотектонический анализ показал целесообразность его применения с целью прогноза структурного поднятия и резервуара для скопления углеводородов в плотных карбонатных толщах, положение которых не соответствуют современному структурному плану и его классическому нефтеводонасыщению.

Задачи подсчета запасов и оптимальной разработки месторождений с нестандартным нефтеводонасыщением вызвали необходимость поиска новых способов геометризации резервуаров и залежей.

Для определения границ продуктового поля залежи и контура нефтегазоносности использованы данные нефтесодержания в продукции поисковых, разведочных и эксплуатационных скважин (рис. 6). В добываемом объеме жидкости по скважинам это содержание колеблется от нуля до 80% и остается относительно стабильный в начальный период эксплуатации залежи. Интерполяция нефтесодержания по скважинам установила закономерное уменьшение его к периферийным участкам залежи. Экстраполяция этой закономерности позволила провести нулевую изолинию нефтесодержания пород, которая соответствует контуру нефтеносности залежи. Положение контура нефтеносности дополнительно контролировалось результатами по законтурным скважинам, в которых испытанием посредством перфорации колонн, однозначно установлена водонасыщенность резервуаров. Совмещение построенного контура со структурной картой кровли маастрихтского резервуара позволила определить его гипсометрическое положение в плане, по всему периметру залежи (рис. 7.1).

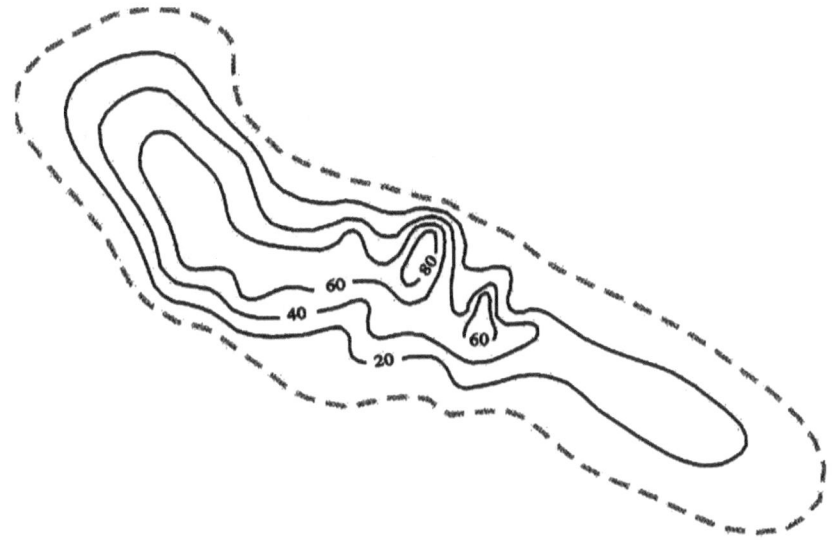

Рис.6 Распределение процентого содержания нефти в
продукции скважин

Пространственное положение подошвы залежи аппроксимируется, как поверхность контакта, выше которой—пласт нефтеводонасыщен, ниже—водонасыщен. При построении такой поверхности для Ачикулакской залежи использованы гипсометрические отметки контура залежи и результаты площадного испытания скважин, по которым получены притоки нефти с водой и пластовой воды. В скважинах испытаны продуктивная и водонасыщенная части резервуара. Гипсометрические отметки условного контакта рассчитывались как средняя величина интервала неопределенности. Интерполяция отметок контура нефтеносности и отметок контактов, установленных по скважинам, определило положение подошвы залежи в любой точке продуктивного поля и, как следствие позволила построить карту вероятной поверхности водонефтяного контакта (рис. 7.2) в виде чашеобразной формы, что иллюстрируется геолого-геофизическим профилем II-II на рисунке 7.

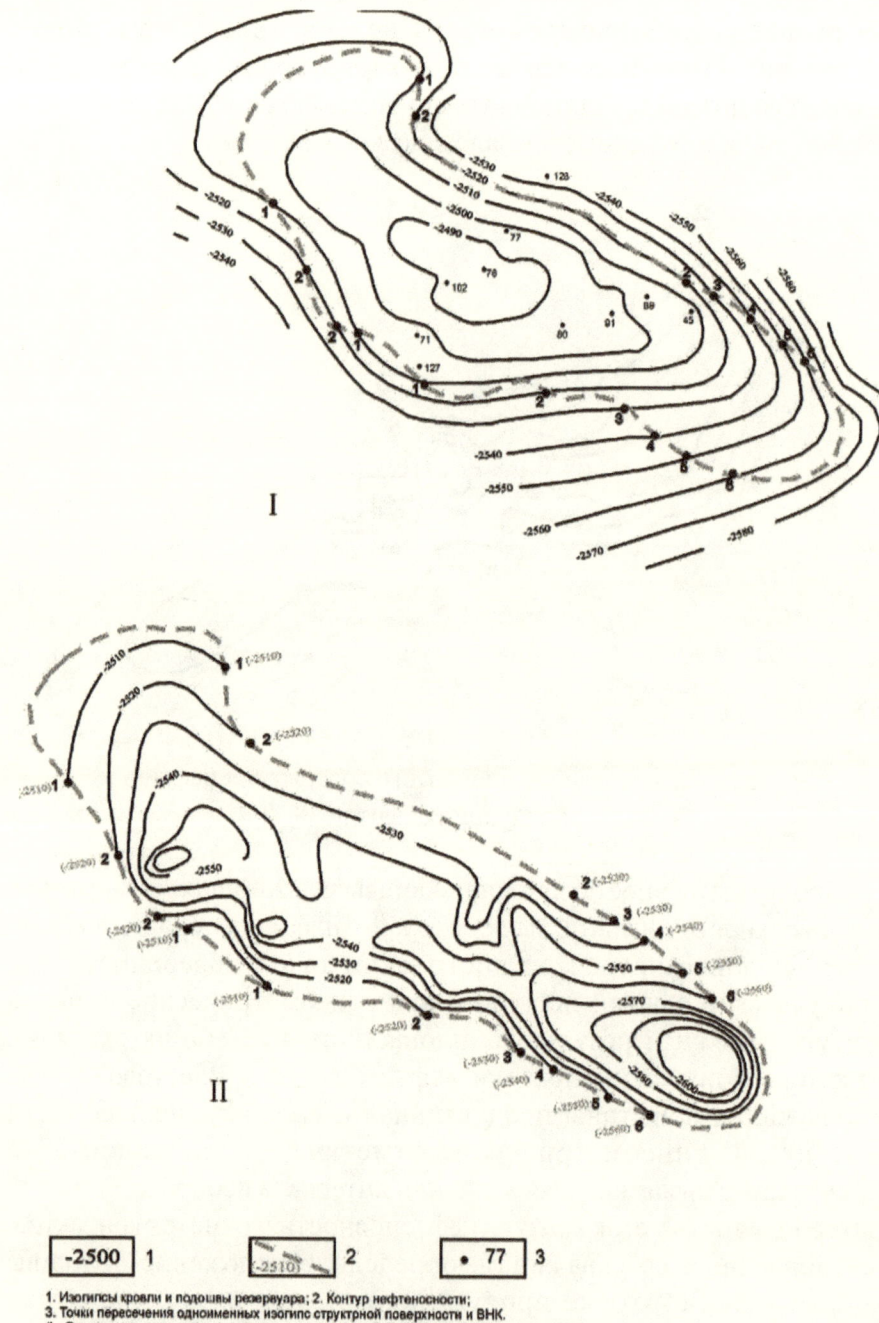

Рис.7 Поверхности кровли (I) и подошвы (II)
нефтеводяной залежи

Наиболее низкие гипсометрические отметки контакта приходятся на центральные участки продуктивного поля залежи по сравнению с отметками контура нефтеносности на структурной карте по кровле резервуара.

Последующее построение карты нефтенасыщенных толщин, или полезного объема залежи как основы подсчета запасов нефти и газа и рационального размещения эксплуатационных скважин, производилось посредством интерполяции значения толщин резервуара от построенной поверхности контакта до кровли коллектора (за вычетом интервалов уплотненных прослоев) в пределах контура нефтеносности.

Поверхность контакта нефть-вода в трещинном резервуаре существенно отличается от плоскости. Однако гипсометрия её не хаотична. Эта разновысотная поверхность характеризуется закономерным распределением отметок (глубин), имеет чашеобразную форму, обеспечивает объем углеводородов, значительно превышающий пустотное пространство структурного поднятия, размер которого определяет положение нижней замкнутой изолинии.

Столь неординарное распределение углеводородов Ачикулакского и подобных ему месторождений не укладывалось в классическое распределение флюидов в едином резервуаре. Обозначились следующие основные проблемы:

- Природа смещения продуктивных полей залежей на периклинальные окончания современных структур с получением притоков пластовой воды на высоких гипсометрических отметках сводов и присводовых участков поднятий.
- Не ясно – почему при перестройке структурных планов не произошло перераспределения углеводородов, если это единый коллектор.
- Необычно присутствие пластовой воды на всех уровнях продуктивной толщи в едином пустотном, гидродинамически связанном коллекторе.
- В отличие от плоскости раздела нефти и воды присутствует чашеобразная форма нижней поверхности ограничения залежи, разделяющей нефтеводонасыщенную и водонасыщенную части продуктивной ловушки – резервуара.

Таким образом:

1. Для расшифровки особенностей строения и пространственного размещения нефтеводяных залежей необходимо проводить комплексный анализ геологических, промыслово-геофизических, промысловых и лабораторных данных с обязательной увязкой всех полученных результатов.
2. Для изучения распространения вероятных зон трещиноватости пород, как признака наличия ловушки, благоприятной для скопления залежей в карбонатных породах, целесообразно провести детальный палеотектонический анализ с определением объема ловушки в разные периоды геологического развития структуры. Результаты анализа можно использовать так же, как дополнительный признак поиска залежей на соседних структурах, куда может мигрировать избыточная нефть.
3. При геометризации полезных объемов нефтеводяных залежей, в частности при построении контуров нефтегазоносности и поверхности нефтеводяных контактов, для целей подсчета запасов и разработки залежей следует использовать закономерности изменения эксплуатационных показателей залежей. Наилучшие результаты обеспечат скважины при работе на одинаковых режимах (штуцерах).
4. Запасы нефти и растворенного газа Ачикулакского месторождения были подсчитаны по разработанным методическим приемам. Прошли апробацию и приняты Государственной Комиссией по запасам полезных ископаемых при Совете Министров СССР. Послужили основой разработки новой теории пространственного размещения углеводородов в трещинных резервуарах.

2.3. НОВЫЕ АСПЕКТЫ ИЗУЧЕНИЯ ПРОСТРАНСТВЕННОГО РАЗМЕЩЕНИЯ НЕФТИ И ГАЗА В ТРЕЩИННЫХ КОЛЛЕКТОРАХ

Проблемы детального изучения особенностей пространственного размещения трещинных резервуаров и залежей возникли, когда на обширной по площади территории Центрального и Восточного Предкавказья в литологически однородной карбонатной толще верхнемеловых отложений были встречены принципиально различные типы залежей нефти. Залежей с классическим распределением флюидов согласно их удельных весов и нестандартным нефтеводонасыщением коллекторов, при котором нефть и вода присутствуют по всей продуктивной толще геологического разреза.

Опыт разведки Ачикулакского месторождения и первые доказательные методики его геометризации представляются базовым при изучении особенностей пространственного размещения залежей в трещинных коллекторах. Были обозначены проблемы и намечены направления в понимании особенностей нестандартного и классического нефтеводонасыщения трещинных пород. Обычно, модель трещинного резервуара и его нефтеводонасыщения строилась по аналогии с геометризацией залежей в гранулярных коллекторах. Длительное время (и посей день) пустотное пространство называлось пористостью и представлялось, как совокупность трещин и каверн с полным их нефтенасыщением. Один из вариантов предполагал сочетание кавернозных пор и вторичной пустотности.

Долгое время бесспорными оставались модели залежей нефти в плотных карбонатных породах Восточного Предкавказья, особенно не ранней стадии их изученности. Единственным отличием были величины дебитов нефти,которые многократно превышали притоки углеводородов из гранулярных коллекторов. Существенные погрешности возникали и при подсчете запасов нефти и, особенно, при определении одного из основных параметров—полезного объема залежей.

Надежное обоснование параметров по комплексу промыслово-геофизический исследований—(ГИС) может быть обеспечено только при наличии лабораторных исследования керна. Но отбор керна либо ограничен, либо полностью отсутствует. Поэтому интерпретация ГИС чаще определяет качественную характеристику коллектора или принимаются весьма приближенно. Аналогичны способы выделения эффективных нефтенасыщенных толщин.

С открытием нестандартных залежей в соседнем регионе Центрального Предкавказья проблемы геометризации пространственного размещения углеводородов в трещинных коллекторах только увеличились.

Результаты детального изучения комплекса промысловых, геофизических и исследовательских материалов с целью подсчета запасов и разработки залежей верхнемеловых отложений позволили сформулировать ряд основных направлений изучения особенностей пространственного размещения углеводородов в трещинных коллекторах.

1. Потребовалось доказать наличие двух типов залежей – нефтяных и нефтеводяных в стратиграфические и литологически единой продуктивной толще пород.
2. Представилось необходимым объяснить и доказать природу получения притоков нефти и воды в различных процентных соотношениях по всей продуктивной толще плотного карбонатного разреза.
3. Следовало объяснить наличие залежей нефти на периклинальных окончаниях современных структурных поднятий с одновременным водонасыщением сводов и присводовых участков поднятий.
4. Оставалось нерасшифрованной возможность переформирования периклинальной залежи в пределах современного поднятия и сохранение скоплений углеводородов в сводах палеоструктур.
5. Необходимо было доказать или аргументировано опровергнуть нестандартную форму чашеобразной поверхности нефтеводяного контакта залежей трещинных резервуаров. Модели, которые полностью не согласуется с общепринятым представлением раздела нефти и воды в виде плоскости горизонтальной или наклонной.
6. Длительная разработка нефтеводяных и нефтяных залежей трещинных резервуаров показала, что извлеченные запасы нефти и растворенного газа не вмещаются в объем современной ловушки по наиболее низкой замкнутой изолинии. Аргумент, который до получения этого несоответствия позволял оппонентам отрицать все факты и особенности пространственного размещения залежей нефти в трещинных резервуарах, отличные от скоплений углеводородов в гранулярных коллекторах.

7. Наконец, следовало доказать приоритетную роль тектонического фактора при образовании замкнутых трещинных резервуаров в плотных отложениях осадочного чехла и породах фундамента.

Последующее изучение проблемы трещинных коллекторов и их нефтеводонасыщения были продолжены на базе анализа фактического материала примерно 40 значительных по запасам месторождений Предкавказской нефтегазоносной провинции. Эта возможность расширила понимание особенностей пространственного размещения углеводородов в трещинных коллекторах. Были разработаны теоретические основы и практические методы геометризации резервуаров и залежей нефти в трещинных коллекторах.

2.4. МЕХАНИЗМ ОБРАЗОВАНИЯ ТРЕЩИННЫХ КОЛЛЕКТОРОВ. ПРИНЦИП «ВЕЕРА»

Привычное понимание пористости пород применительно для гранулярного коллектора нередко переноситься на породу, геометрия пустотного пространства и параметры которой, существенно отличаются и характеризуют именно трещинный коллектор. Природа образования трещиноватости пород, а тем более пустотного пространства включает в единый ряд элементы многофакторного процесса. В различных соотношениях этот процесс представлен сочетанием гидродинамических, химических, физических, биохимических составляющих. Сюда же, относиться и тепло Земли. Процессы обезвоживания. Цементации и кристаллизации пород. Их выщелачивание. Самоуплотнение. Образование сутуро-стилолитовых швов. Наконец, немаловажным, а иногда и определяющим является тектонический фактории и степень его интенсивности.

Все эти процессы сопровождают породу с момента отложения осадка до образования горной породы, способной аккумулировать флюиды – нефть, газ и воду. Особенно эта роль значительна для плотных, литологически однородных толщ в процессе формирования региональных и локальных структурных поднятий в пределах нефтегазоносных территорий. Поэтому тектонический фактор и был вычленен для детального изучения его роли при формировании трещинных коллекторов.

Трещиноватость обусловленная тектоническим фактором, относиться к постседиментационным процессам внешнего воздействия, которые носят спонтанный характер. Этот процесс не определен временем и пространством, связан с глубинными процессами Земли. Возникают на участках формирования структурных элементов – поднятий или прогибов. Примером может служить одно из крупнейших по запасам углеводородов месторождение Белый тигр, приуроченное к массиву фундамента, трещины которого заполнены нефтью.

Доказательством, что совокупность остальных составляющих, пустотную емкость плотных карбонатных пород, ничтожна мала, служат многочисленные опробования скважин, расположенных не только за пределами, но и вблизи, по обрамлению трещинных резервуаров, притоки флюидов из которых не были получены.

Различие литологических характеристик карбонатного разреза не существенны для конкретной площади и месторождения и может влиять на характер трещиноватости только при региональном изменении свойств породы и ее карбонатной составляющей. Главным, основополагающим признаком является интенсивность тектонических процессов, благодаря которым и образуется многосистемная трещиноватость горной породы. С наличием мелких, средних и крупных трещин вплоть до разрывных нарушений и перемещения стратиграфических толщ в геологическом пространстве.

На примере условной карбонатной толщи, на рисунке 25, показан механизм образования трещиноватости пород под воздействием тектонических процессов, которые сопровождают постседиментационные изменения геологического строения территорий.

На схематическом рисунке 8 представлен блок плотной карбонатной толщи к началу складкообразования. В кровле и подошве блок ограничен поверхностями равной величины и простирания, $AB=A\square B\square (I)$. Блок разделен на шесть условных элементов, с 1 по 6.

1. Антиклинальное поднятие

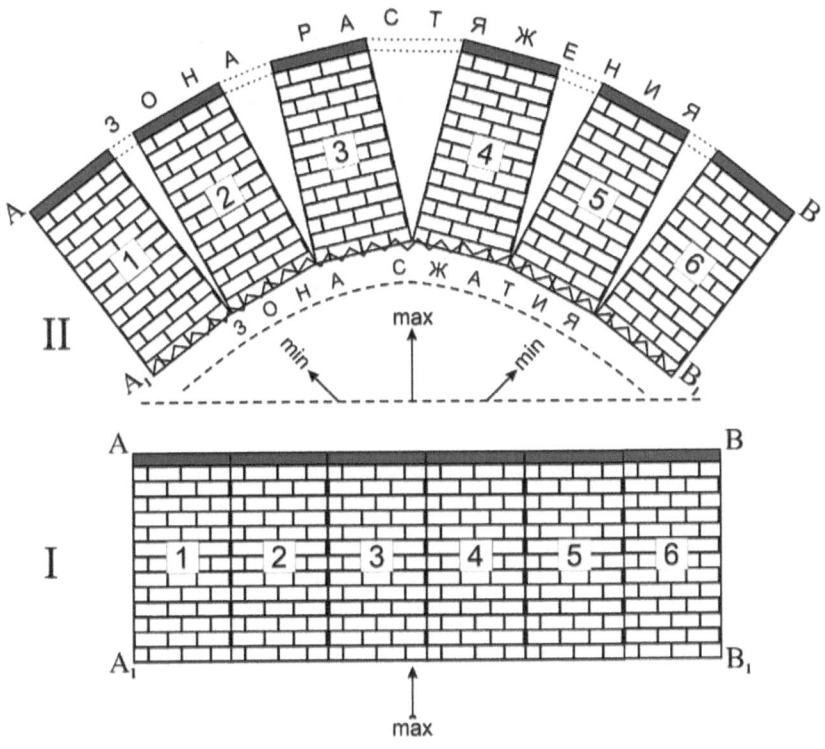

2. Синклинальный прогиб (мульда)

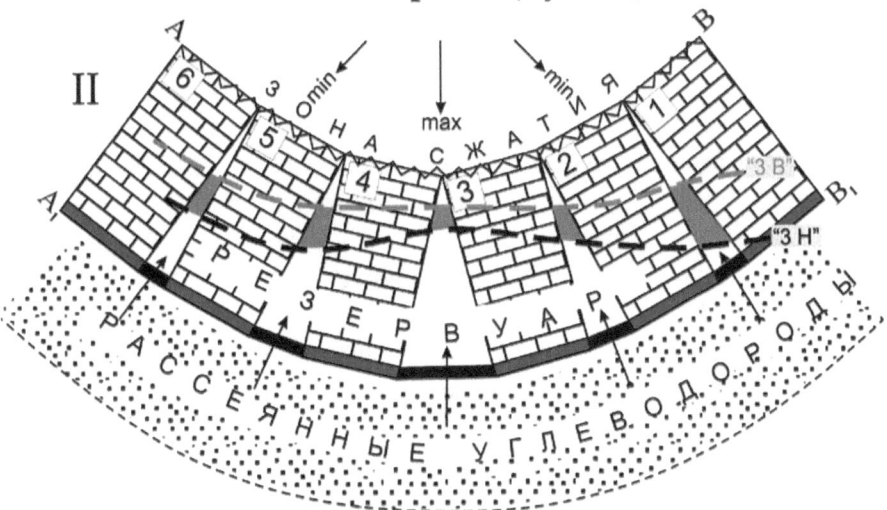

Рис.8 Механизм образования трещиноватости плотных
(карбонатных) пород под воздействием тектонического фактора

Рассмотрены два наиболее характерных варианта образования трещиноватости плотных пород при формировании антиклинальных поднятий (1) и синклинальных прогибов (2).

В процессе воздымания толщ и формирования антиклинальных поднятий, кровельные и подошвенные участки толщ испытывают различные, противоположенного знака напряжения – растяжения АВ и сжатия А☐В☐. Монолитная толща разрушается. В зоне растяжения образуются системы трещин различной раскрытости. Максимальная раскрытость трещин блока 3-4 приурочена к участкам наибольших напряжений и совпадает со сводами и присводовыми зонами формирующихся поднятий. Закономерно уменьшаясь к крыльевым и переклинальным окончаниям положительных структур. Здесь трещиноватость затухает до полного исчезновения.

Приподошвенная зона условной толщи, как упоминалось выше, в отличие от кровельной, находится под воздействием сил сжатия. Расстояния между стенками трещин сокращаются, до полного смыкания в точке «0». Согласно этому в зоне максимального растяжения кровля сформированного поднятия увеличивается и значительно превышает ограничение системы блоковых элементов в подошве, в зоне сжатия: АВ>>А☐В☐. Уплотненный интервал подошвы обретает две функции—служит своеобразным «ложем» трещинного коллектора и непроницаемой покрышкой любого типа резервуаров, расположенных ниже по геологическому разрезу. Что практически не наблюдается в гранулярных коллекторах. Тем более в пластичных глинистых толщах.

Геометрическое сечение треугольной формы отдельной трещины и их совокупности, как свидетельствует рисунок 25, подчиняется принципу «веера». С раскрытостью трещин в сторону наибольшего растяжения пород, к кровле отложений, и затухания на участках максимального воздействия сил сжатия – к подошве плотной карбонатной толщи.

Этим и объясняется присутствие и положение зон повышенной трещиноватости пород в сводовых и присводовых участках поднятий и затухание трещин с глубиной, к крыльевым погружениям и переклинальным окончаниям структур до полного их исчезновения.

Возможно, предположить, что в основании каждой трещины присутствуют части горной породы, в том числе глинистого материала, которые оседают на «дно» трещины при формировании положительных и отрицательных тектонических элементов. Таким образом, в процессе образования положительных структур наибольшие усилия и разрушения плотных пород приходятся на сводовые и присводовые участки поднятий.

Подобные образования зон трещиноватости пород под воздействием тектонического фактора следует ожидать и в отрицательных структурных элементах земной коры. В том числе, в синклинальных прогибах (25-2). Для понимания сходства и различий формирования трещинных коллекторов и залежей нефти принятая схема механизма образования трещинных резервуаров (рис.25) развернута на 180° и дополнена гранулярными породами, подстилающими плотную (карбонатную) толщу. Такой вариант геологического разреза расширит доказательную базу особенностей нефтеводонасыщения трещинных коллекторов не только в пределах структурных поднятий, но и в синклинальных прогибах, где действуют те же тектонические усилия, которые формируют зоны трещиноватости структурных поднятий. Только с обратным знаком.

При формировании положительных структурных элементов действуют восходящие тектонические усилия с образованием повышенной трещиноватости пород в прикровельных участках продуктивных толщ. В синклинальных прогибах плотные породы испытывают усилия сверху. Кровле АВ соответствует зона уплотнения отложений. К подошве возрастают силы разрушения целостности отложений с образованием систем трещин, раскрытость которых направлена к подошве, в сторону максимального растяжения пород. Соотношение поверхностей ограничения трещинного резервуара мульды представлено выражением $AB \ll A_1B_1$.

Именно здесь, в приподошвенной зоне, формируется объем крупной трещиноватости резервуара, способный аккумулировать скопления нефти (и воды).

И в синклинальных прогибах трещиноватость пород имеет зональное распространение. Затухает от максимальных значений емкостного пространства до исчезновения трещиноватости за пределами мульды. Принципиальным отличием трещинных резервуаров двух структурных элементов является пространственное положение систем трещин по степени их раскрытости. Для положительных структур наибольшая трещиноватость приходится на прикровельные участки поднятий. Для синклинального прогиба наибольшая трещиноватость формируется в приподошвенной части резервуара с закономерным уменьшением до нулевых значений к кровле карбонатной толщи.

В прикровельной зоне уплотненные породы приобретают функции покрышки трещинного резервуара. Последние могут быть замкнутыми, если подстилаются непроницаемыми породами или открыты для миграции флюидов в породах, представленных коллекторами. Песчаниками, например, способными служить путями миграции углеводородов.

При таком варианте контакта трещинных и гранулярных коллекторов возникают участки миграции флюидов в различные стратиграфические комплексы. Образуются так называемые «проницаемые окна». Флюиды содержат рассеянные углеводороды, скопления которых в благоприятных ловушках образуют залежи. Наличие резервуара с системой крупных трещин, заполненных пластовой водой с углеводородной составляющей недостаточно для формирования залежи в центральной части синклинального прогиба. К кровле трещинного резервуара раскрытость трещин уменьшается. Нефтенасыщение трещин ограничивается «замком насыщения нефти», выше которого нефть не проникает вследствие ее высокой вязкости. В то время как открытое пространство над нефтенасыщенной зоной резервуара имеет место. Но для подвижной пластовой воды. Так как только крупные трещины способны аккумулировать подвижные флюиды и формировать залежи нефти. Таким образом, выше по разрезу, над зоной возможного нефтенасыщения располагается система трещин, раскрытость которых обеспечивает насыщение трещин и миграцию подвижной воды по всему разрезу, исключая его нефтенасыщение.

Поэтому резервуар, представленный крупными трещинами, для скоплений нефти не эффективен. Присутствие нефтяной составляющей в объеме подвижных флюидов не исключается, но она снизу и сверху трещинного резервуара вымывается активной водой и насыщает ловушки углеводородами на крыльях синклинальных прогибов. В зависимости от морфологии синклинального прогиба залежи могут иметь кольцеобразную или лентовидную форму.

Механизм образования трещиноватости плотных пород по принципу «веера» следует учитывать в качестве благоприятного признака с целью прогноза зон разуплотнения пород и возможности их нефтеводонасыщения на участках максимального изгиба слоёв.

Нередко тектонические подвижки так значительны, что нарушают целостность геологического разреза с перемещением различных блоков структурного поднятия в пространстве. Не только по вертикали, но и по площади. С образованием различных типов ловушек и залежей. Одним из характерных и выразительных примеров может служить караган-чокракский комплекс отложений Старогрозненского месторождения. Здесь амплитуды нарушений исчисляются сотнями метров. Смещение блоков – километрами.

На территориях спокойной тектонической деятельности амплитуды структурных поднятий многократно ниже и в большинстве своем равны первым десяткам метров. Раскрытость трещин плотных и уплотненных пород значительно меньше и нередко исключает нефтенасыщение коллекторов.

2.5. РАСПРЕДЕЛЕНИЕ ЕМКОСТНЫХ ХАРАКТЕРИСТИК ТРЕЩИННЫХ КОЛЛЕКТОРОВ ПО РАЗРЕЗУ И ПЛОЩАДИ

2. 5.1. КОМПЛЕКС ПРОМЫСЛОВО-ГЕОФИЗИЧЕСКИХ ИССЛЕДОВАНИЙ И ОСНОВНЫЕ ЕМКОСТНЫЕ ХАРАКТЕРИСТИКИ ПЛОТНЫХ КАРБОНАТНЫХ ПОРОД

Изучение керна, поднятого из скважин, комплекс промыслово-геофизический исследований, результаты опробования скважин в открытом стволе и посредством перфорации колонн позволили приблизить понимание природы трещинных резервуаров и их нефтеводонасыщение.

Притоки нефти из трещинных резервуаров многократно превышают величины дебитов из гранулярных коллекторов. Наличие незначительных притоков или полное их отсутствие позволяют определять границы распространения зон трещиноватости.

Проницаемость плотных карбонатных пород, определяемая по керну, ниже критического значения и составляет величину порядка 0,002 мкм2·10-3. Фильтрационно-емкостные свойства трещинного коллектора связаны с вторичной пустотностью, куда на начальном этапе изучения пород были включены только каверны и пустоты выщелачивания. Однако многочисленные опробования разведочных и эксплуатационных скважин, расположенных вблизи залежей, но за пределами трещинных резервуаров, полностью исключили каверны, стилолитовые швы и пустоты выщелачивания из эффективного объема плотной верхнемеловой толщи. Практически ни в одной из десятков скважин, расположенных вблизи продуктивных полей, притоки не были получены и после многократной кислотной обработки призабойных зон. Это послужило основанием считать трещиноватость основной эффективной емкостью карбонатных пород верхнемеловых отложений. А другие пустоты из-за малых размеров, содержат только связанную воду, непроницаемы для подвижных флюидов и являются составной частью матричной породы.

Условия проведения промыслово-геофизических работ в пределах изучаемой территории отличаются значительными глубинами залегания продуктивных отложений 5,5-6,0 тысяч метров и высокими температурами, до 170-180 градусов Цельсия. Набор современных геофизических методов определения качественных и количественных емкостных характеристик коллекторов включает весь комплекс геофизических исследований (ГИС) от стандартного каротажа до термометрии. Однако для количественной оценки емкостных параметров трещинных карбонатных пород комплекс исследований ограничивался данными БК, НГК, АК, ГК, КС и ПС.

Кажущиеся сопротивления (КС) трещиноватых пород верхнего мела изменяются в пределах от 4 до 4000 Омм и только в редких интервалах отмечены значения до 5000 Омм. Данные по БК свидетельствуют о нормальном распределении кривой сопротивлений и колебаний модальных значений в интервале 64-128 Омм и в среднем соответствует 96 Омм.

Характеристика выделенных пластов по материалам нейтронного гамма-каротажа (НГК) колеблется в пределах 2,6 – 8,36 у.е. Кривая распределения отвечает модальному значению 5,5 у.е. Около 80% величин этого параметра ограничиваются пределом 4-7 у.е.

По диаграммам акустического каротажа (АК) карбонатные породы верхнемелового разреза характеризуются интервальным временем пробега продольной волны в диапазоне 160-200 мкс/м с модальным значением 175 мкс/м.

Отложения верхнемеловой толщи на кривых спонтанной поляризации (ПС) выражены аномалиями от 2,5 до 170 мв. Кривая записи в целом свидетельствует о равномерном распределении величин со значением параметра до 80 мв. И только в редких интервалах достигает максимальных значений. По диаграммам гамма-каротажа (ГК) соответствующие показания изменяются в пределах 0,4-15 с преимуществом величин в диапазоне 0,4-4,0 при модальном значении, равным 3 единицам. Следует отметить, что значительная часть разреза, представленная известняками, характеризуется низкими значениями ГК. И, наоборот, повышенные показания отвечают наличию мергельных и глинистых прослоев.

Статистическая обработка материалов ГИС по верхнемеловым скважинам обозначила следующие основные выводы. Установлен одномодальный характер кривых геофизических исследований, который четко свидетельствует о едином литофациальном типе пород верхнемеловых отложений на значительной территории Центрального и Восточного Предкавказья. По большинству скважин, до 80%, низким показаниям ГК в интервале карбонатной толщи соответствуют повышенные значения НГК.

Согласно полученным данным, представилось возможным оценить емкостные свойства плотных карбонатных пород верхнего мела по методикам комплексной интерпретации материалов ГИС и с некоторой долей условности определить величины общей пустотности – Кпоб, блоковой –Кпбл, и вторичной, трещинной – Кпвт.

2.5.2. РАСПРЕДЕЛЕНИЕ ОБЩЕЙ, БЛОКОВОЙ И ВТОРИЧНОЙ ПУСТОТНОСТИ ПО РАЗРЕЗУ ПРОДУКТИВНОЙ ТОЛЩИ

Величины общей, блоковой и вторичной пустотности плотных карбонатных пород получены по результатам комплексной обработки промыслово-геофизических исследований. В основном использованы методики, разработанные для расчета пористости гранулярных коллекторов, где межзерновое пространство определяют частицы породы, их форма, размер, отсортированность. В трещинных коллекторах характер емкостного пространства обусловлен, преимущественно, системой различных по генезису трещин, которые рассекают матричную породу, образуя каналы перемещения флюидов в пределах карбонатной толщи. Согласно этому принципиальному различию гранулярных и трещинных коллекторов целесообразно применять термин «пустотность» и допускать некоторую условность определения величин соответствующих емкостных параметров по комплексу промыслово-геофизических исследований.

Полный объем определений общей, блоковой и вторичной пустотности (трещиноватости) выполнен и проанализирован по скважинам двух нефтяных месторождений Восточного Предкавказья – Червленному и Брагунскому. Результаты исследований использованы при обосновании интервалов опробования скважин по материалам стандартного каротажа и оказались единственными в случаях, когда качество и масштаб записи кривых сопротивлений (КС) и спонтанной поляризации (СП) исключили возможность определения положения коллекторов в разрезах продуктивной толщи. В сочетание с другими геолого-промысловыми материалами представилось возможным расширить понимание особенностей формирования трещинных коллекторов и характер их нефтегазоводонасыщения.

Червленное месторождение. Общая, блоковая и вторичная пустотность определены по комплексу промыслово-геофизических данных. Построены соответствующие графики распределения этих параметров по всем скважинам, расположенным в пределах залежи и за контуром нефтегазоносности. Набор таких скважин обеспечил достаточно надежную информацию о трещинных коллекторах.

Распределение пустот в законтурных скважинах и сравнение их показателей с продуктивными, позволило доказать особенности пространственного размещения резервуаров и залежей и связь их с интенсивностью тектонических процессов. По данным керна, поднятого из верхнемеловых отложений, было установлено, что в карбонатных породах, кроме микропор и микротрещин, присутствуют и другие пустоты – вертикальные и горизонтальные трещины, сутуро-стилолитовые швы, зоны разуплотнения, каверны. Согласно этому набору пустот и определялся характер емкостного пространство плотной карбонатной породы, способной аккумулировать залежи нефти и газа. Вначале коллектор был назван трещинно-кавернозным. Законтурные скважины, особенно расположенные в непосредственной близости к нефтеносному полю залежи, в которых присутствует тот же, как и в продуктивных скважинах, набор пустот, оказались «сухими». Отмеченные по данным образцов керна каверны и другие по генезису пустоты, промышленными коллекторами не являются, а входят в объем непроницаемой матрицы.

Притоки нефти и воды не были получены после многократных кислотных обработок призабойных зон скважин. Это позволило подтвердить вывод о том, что для плотных пород, в том числе и для известняков верхнемеловых отложений, полезный объем резервуаров для формирования залежей нефти обусловлен преимущественным проявлением тектонического фактора, следствием которого является трещиноватость плотных пород. Безусловно, из-за весьма ограниченного размера и целостности поднятого в процессе бурения керна, следы макротрещиноватости практически не могут быть обнаружены.

Результаты, полученные по скважинам доказали также четкую зональность распространения трещиноватости пород по площади и разрезу. И только статистика и объем информации позволят некоторые теоретические предположения считать доказанными. Вот почему приведен детальный анализ распределения емкостных параметров по группам и отдельным скважинам Червленного месторождения в сочетании с многочисленными результатами опробования продуктивных отложений посредством перфорации колонн и вызовом притоков подвижных флюидов.

На рисунке 9 приведен профиль скважин 9-15-12, который характеризует распределение емкостных параметров пород в пределах нефтяной залежи (скв. 9 и 15) и на её границе (скв. 12). Наиболее детально исследован параметр вторичной пустотности и соотношение его количественных значений с другими емкостными характеристиками. Разрезы скважин слабо коррелируются. Пометровое сопоставление величин вторичной пустотности свидетельствует об изменениях этого параметра по площади и по разрезу. В скважине 9 максимальные значения, до 2%, отмечаются преимущественно в кровельной части маастрихтского яруса. С глубиной, за вычетом небольшого по толщине интервала 5276-5282 м, вторичная пустотность закономерно уменьшается до нулевых значений, свидетельствуя о затухании трещиноватости пород с глубиной и по площади.

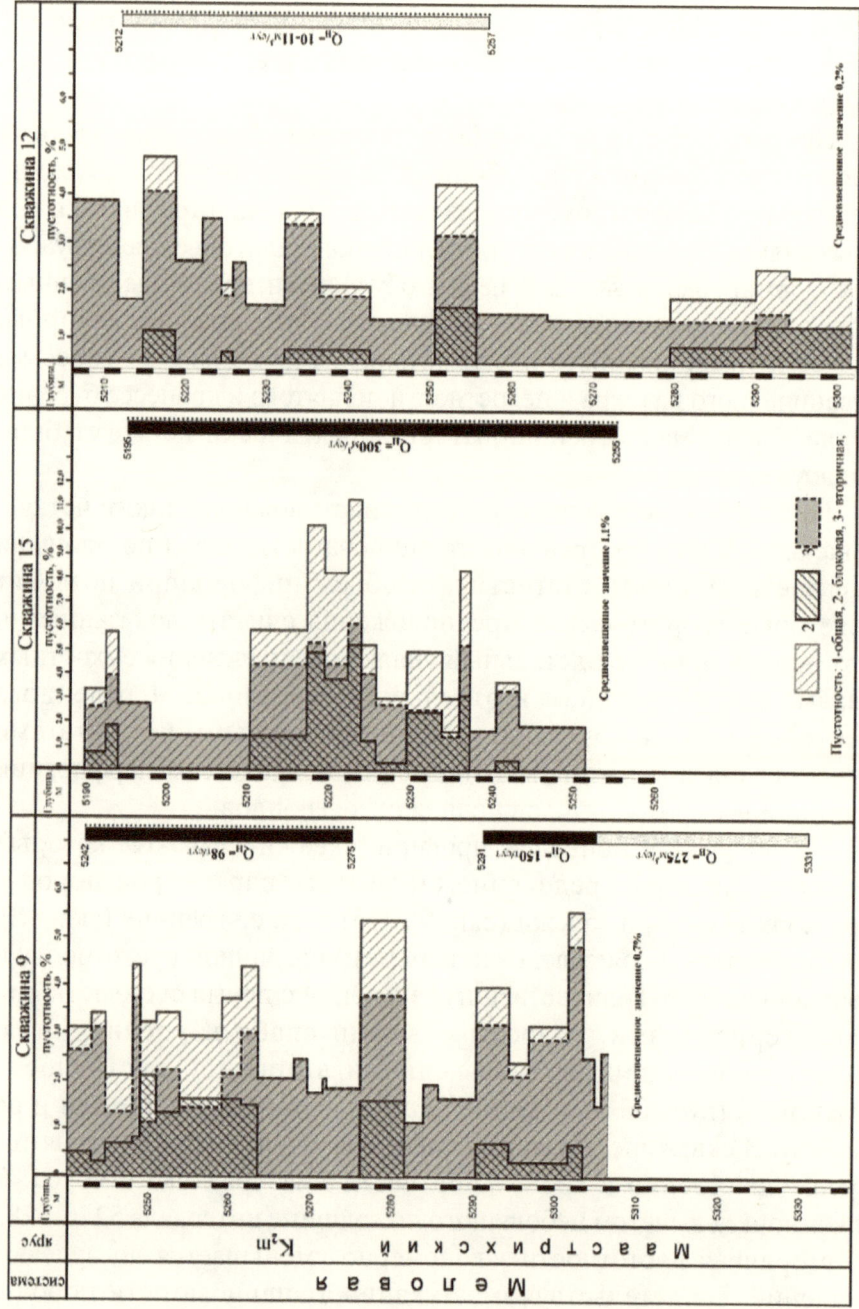

Рис.9 Распределение общей, блоковой, вторичной
пустотности и опробывания карбонатных пород.
Месторождение Червленное—скважины 9, 15, 12

Особенно заметна эта закономерность при сопоставлении распределения основных емкостных параметров, характеризующих геологические разрезы скважины 15, продуктивной, где отмечены высокие значения вторичной пустотности, и скважины 12, из которой приток вызвать не удалось, что полностью согласуется с нулевыми значениями вторичной пустотности в разрезе этой скважины. Также не представляется возможным провести поуровневую корреляцию разрезов этих скважин. Точнее, сопоставление показывает полное (за вычетом небольшого интервала 5253-5256 м) несоответствие емкостных характеристик, обусловленное наличием (6,1%—скв. 15) и практическим отсутствием (0,2%—скв. 12) вторичной пустотности пород в пределах ограниченной площади продуктивного поля залежи.

Проанализированы результаты двух, рядом расположенных продуктивных скважин, 9 и 15, Червленного месторождения. Из обеих, получены значительные промышленные притоки нефти – 150 и 300 м3/сут. соответственно. Скважины находились в длительной эксплуатации. Корреляция каротажных диаграмм всей маастрихтской толщи затруднений не вызывает. Особенно по кривым кажущихся сопротивлений (КС). Кривая спонтанной поляризации (СП) оказалась менее информативной. Для детального расчленения верхнемелового разреза дополнительно использованы величины емкостных параметров общей, блоковой и вторичной пустотности, определенных по комплексу промыслово-геофизических исследований. Интервалы значений емкостных характеристик карбонатных пород исчислялись несколькими метрами, что позволило построить достаточно убедительное распределение этих параметров в разрезах продуктивных скважин.

Полученные распределения характеристик свидетельствует о неоднородности карбонатного разреза, в пределах которого соотношение общей, блоковой и вторичной пустотности существенно отличаются от нуля до 10-11 %. Отложения продуктивного маастихтского яруса не пройдены со сплошным отбором керна ни в одной из сотен пробуренных скважин. Это позволило бы подтвердить наличие в различной степени уплотненных и рыхлых интервалов геологического разреза, пустотное пространство которого дополнительно осложнено проявлением тектонического фактора.

В связи с этим прокоррелировать сходимые по разрезу интервалы не представляется возможным, в то время как расстояние между скважинами невелико и не превышает одного километра.

Значительный объем информации представляет соотношение пустот карбонатного коллектора, результатов опробования и эксплуатации скважин в пределах нефтяной залежи и за контуром нефтегазоносности.

Если в объеме залежи вторичная пустотность резервуара соответствует 0,65% скв. 9 и 1,1%—скв. 15, то за пределами продуктивного поля в зоне водонасыщения трещинного резервуара, величина вторичной пустотности в 1,5-2,0 раза ниже и составляет величины 0,47% (скв.10) и 0,66% (скв. 12).

С этими величинами полностью согласуются результаты опробования скважины 15. При среднем значении вторичной пустотности 1,1% суммарный дебит нефти достигал 300 м3/сут.

Опробование второй продуктивной скважины 9, проведено в двух интервалах. Из интервала 5291-5331 м в открытом стволе получен приток нефти 150 т/сут. и воды – 275 м3/сут. Уточнить наличие коллектора в этом интервале и его положение в разрезе скважины не представилось возможным из-за отсутствия распределения емкостных параметров по всему опробованному интервалу.

Выше по разрезу скважины 9 посредством перфорации опробован интервал 5242-5275 м. Получен приток безводной нефти. Дебит 98 т/сут. Согласно распределению емкостных параметров на долю коллектора приходится интервал глубин 5244-5264 м. Здесь значения вторичной пустотности колеблются в пределах 0,7-2,0%. Ниже коллектора вторичная пустотность равна нулю, а блоковая и общая совпадают и соответствуют 2,0-2,4%. Следует отметить интервал 5276-5282 м, вторичная пустотность которого 1,6%. При общей пустотности 5,4%, блоковая равна 3,8%.

Сопоставление профильных скважин 15 и 12 свидетельствуют о затухании трещиноватости резервуара по площади, от нефтяной к непродуктивной скважине 12. Практически вся толща скважины 12 представлена нулевыми значениями вторичной пустотности, кроме интервалов 5214-5224 м и 5253-5256 м, которые обусловили получение незначительного притока пластовой воды дебитом 10-11 м3/сут.

В законтурных скважинах 10, 16, 14 (рис. 10) дебиты пластовой воды не превысили 10 м3/сут. при колебании значений пустотного пространства карбонатных пород от 0,47% до 0,54%. Однако, ценным являются результаты конкретных скважин, а не их статистика, которая нередко сглаживает несоответствия и не объясняет сути расхождений.

Рис.10 Распределение общей, блоковой, вторичной
пустотности и опробывания карбонатных пород.
Месторождение Червленное—скважины 10, 16, 14

Подтверждением этому служат результаты, полученные по скважине 16, Червленной. При средневзвешенном значении вторичной пустотности (0%), рассчитанной на восьмидесятиметровую толщу карбонатного разреза, намечается прямая связь значений трещиноватости и результатов опробования интервала 4960-5010 м, из которого получен незначительный приток пластовой воды. Дебит 7м3/сут. Распределение параметра пустотности по разрезу скважины свидетельствует практически об отсутствии трещиноватости пород. На большей части исследуемой толщи она равна нулевым значениям, а там, где отмечено присутствие трещиноватости величины их лежат в пределах 0,1-0,5%. И только в небольшом интервале 5005-5000 м значение вторичной пустотности достигает 7% (!). Есть все основания полагать, что приток пластовой воды получен именно из этого участка интервала перфорации. По результатам опробования было намечено нарушение, которое по общепринятым представлениям «объясняло» получение притока воды на столь высоких гипсометрических отметках, относительно промышленно нефтеносных скважин.

Однако получение воды из скважины 16 полностью согласуется с особенностями размещения залежи нефти в трещинном резервуаре. Когда на высоких отметках, в зоне затухания трещиноватости пустоты средней раскрытости способны быть насыщенными только водой, полностью исключая нефть, согласно физико-химических свойств, в частности вязкости.

Опробование скважины 10 в интервале 5230-5260 м, расположенном в кровле карбонатной толщи, свидетельствует о низких коллекторских свойствах пород в районе этой скважины. Затухающий приток пластовой воды из тридцатиметровой толщи не превысил 2-3 м3/сут.

Результат по скважине 14 свидетельствует об отсутствии эффективных пустот в кровле верхнемеловых отложений, что подтверждено опробованием интервала 5180-5213 м, из которого приток вызвать не удалось. Эта часть карбонатного разреза находится за пределом трещинного резервуара.

Брагунское месторождение. Емкостные параметры карбонатных пород верхнемеловых отложений определены по двадцати оной скважине. В отличие от материалов Червленного месторождения, все Брагунские скважины характеризуют распределение емкостных параметров в пределах нефтегазоносного поля залежи. По ряду

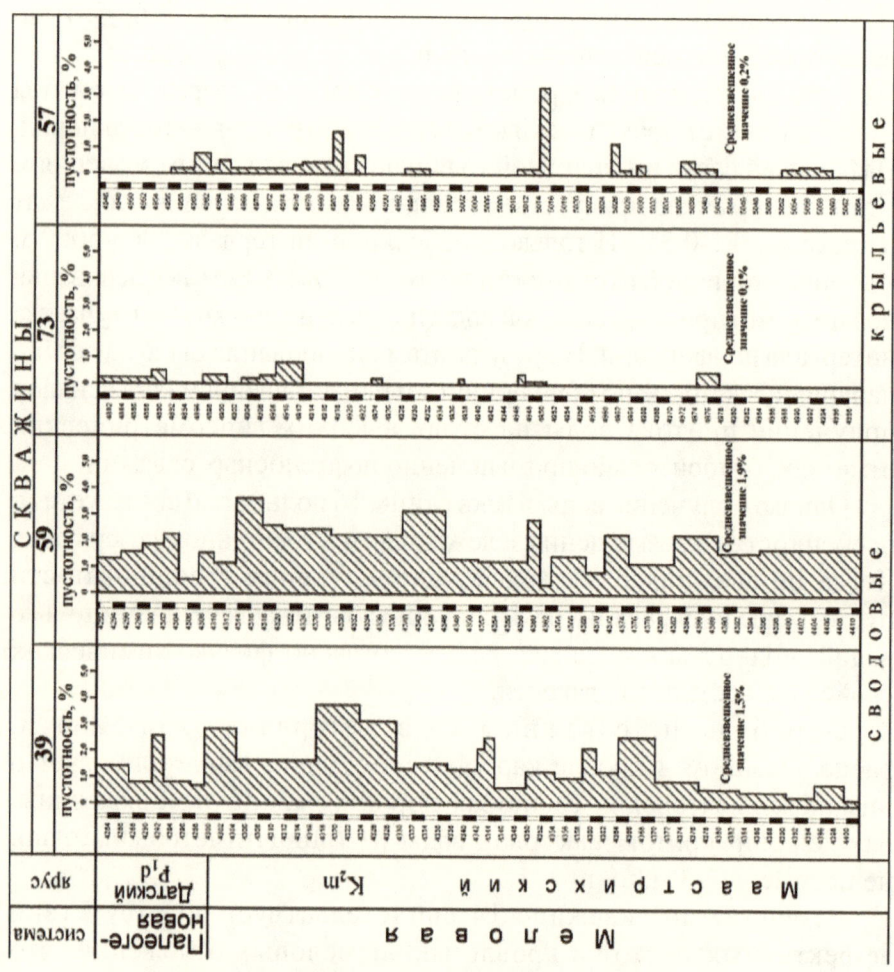

Рис.11 Распределение вторичной пустотности
(трещиноватости) по скважинам Брагунского
месторождения

скважин определены все виды пустотных характеристик – общей, блоковой и вторичной. По остальным – только вторичная пустотность (трещиноватость).

На рисунке 11 показано распределение трещиноватости пород по четырем наиболее характерным скважинам Брагунского месторождения, сгруппированным по положению относительно элементов структурного поднятия—в своде (скв. 39,59) и на крыльевых погружениях (скв. 57, 73). Графические сопоставления параметров показывают существенные различия разрезов скважин двух групп. В сводовых – вторичная пустотность изменяется в широких пределах, от 0,3 до 3,8 процента. Большая часть разреза отвечает значениям, близким к максимальному. Ни в одной из двух сводовых скважин не установлены интервалы глубин с нулевыми значениями вторичной пустотности.

В скважине 59 значения вторичных пустот выше. А данные скважины 39 иллюстрируют уменьшение параметра с глубиной. В то время как материалы скважины 59 такую закономерность намечают только на уровне тенденций.

Средневзвешенные значения вторичной пустотности, рассчитанные по толщине датского и маастрихтского ярусов для скважин 39 и 59 составили величины 1,5 % и 1,9%, что для трещинного коллектора отвечает достаточно высоким показателям коллекторских свойств пород.

Принципиально отличаются распределения вторичной трещиноватости по группе крыльевых скважин – 57 и 73. Преимущественная часть карбонатного разреза представлена величинами близкими или равными нулю. На фоне такого практически нулевого распределения емкостного параметра отмечены маломощные интервалы глубин со значениями вторичной пустотности до 3,2% (!). Однако эти интервалы существенно не повлияли на величины средневзвешенных по толщине значений пустотности 0,1% и 0,2% по скважинам 73 и 57, соответственно.

По всем скважинам Червленного и Брагунского месторождений, где по комплексу промыслово-геофизических исследований определена вторичная пустотность и рассчитаны средневзвешенные по толщине карбонатной толщи значения трещиноватости, построены карты распределения этого параметра по площади.

На рисунке 12 представлены карты распределения трещиноватости пород, в пределах Червленного и Брагунского месторождений. Карты свидетельствуют о закономерном распределении параметра по площади залежей и позволяют прогнозировать развитие коллекторов в направлении на северо-восток. Результаты построения принципиально изменили сложившиеся представления о размещении трещинного коллектора и насыщении его подвижными флюидами, в частности нефтью.

Получение притоков пластовой воды на высоких гипсометрических отметках относительно продуктивной части разреза или отсутствие притоков

объяснялось блоковым строением поднятия с автономным нефтеводонасыщением продуктивного разреза. Границы блоков проводились условно. При этом использовались материалы переинтерпретации ранее выполненных сейсмических исследований. Согласно этому построена графическая модель верхнемеловой залежи, ограниченной с юго-запада тектоническим нарушением и литологическим замещением—на юго-востоке. Графическая модель клиновидной залежи представляется ошибочной и геологического обоснования не имеет. Карта распределения вторичной пустотности прогнозирует большие объемы резервуара и нефтяной залежи и её распространение на северо-восток (рис. 12).

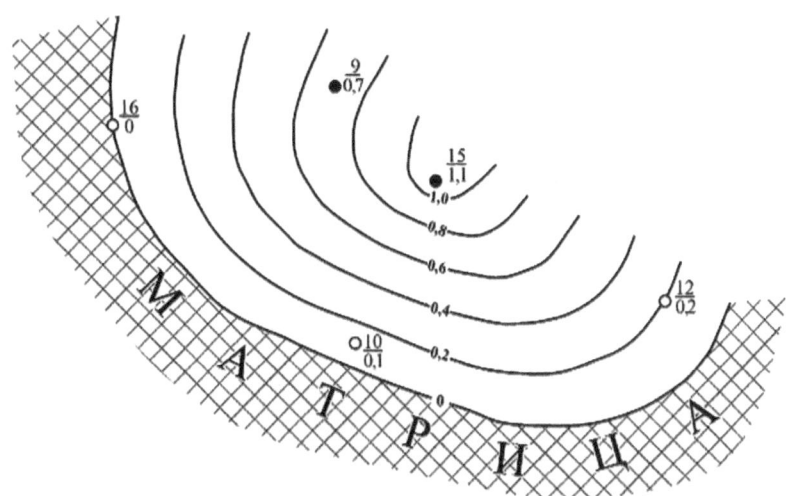

1. Месторождение Червленное

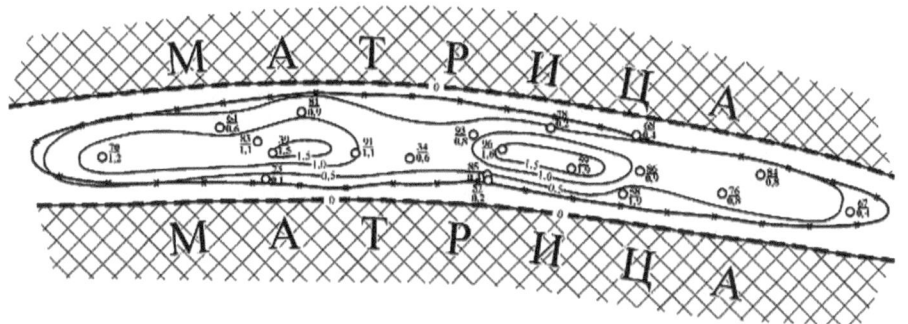

2. Месторождение Брагунское

Условные обозначения:

1- номер скважины, знаменатель - вторичная пустотность в %;
2- зона отсутствия вторичной пустотности (матрица);
3- тектонические нарушения; 4- контур нефтеносности.

и Рис.1Рис.12 Карты вторичной пустотности
(трещиноватости) карбонатных пород Червленного и
Брагунского месторождений

Карта распределения вторичной пустотности Брагунского месторождения, как и по Червленному, построена по средневзвешенным значениям емкостного параметра двадцати одной скважины, расположенных в пределах продуктивного поля верхнемеловой залежи. По законтурным скважинам, в отличие от Червленного месторождения, вторичная пустотность не определялась. Однако отсутствие притоков из многочисленных приконтурных скважин позволяет предположить отсутствие эффективной трещиноватости карбонатных пород по обрамлению залежи.

Распределение вторичной пустотности по площади полностью совпадает с положением антиклинальных поднятий. Максимальные значения трещиноватости приходятся на сводовые и присводовые участки поднятия, которые в процессе формирования структуры испытывали наибольшее тектоническое воздействие. В сторону крыльев и переклинальных окончаний отмечается закономерное уменьшение величин вторичной пустотности. Что свидетельствует о затухании трещиноватости к периферийным участкам поднятий и отмечено практически во всех исследованных месторождениях Восточного Предкавказья, где были разведаны залежи нефти в верхнемеловой карбонатной толще.

Таким образом, при различии величин вторичной пустотности плотных карбонатных пород по скважинам Червленного и Брагунского месторождений, распределение этого параметра полностью согласуется с особенностями пространственного размещения трещинных коллекторов. Подтверждено закономерное изменение трещиноватости по площади и разрезу карбонатной толщи. Величины вторичной пустотности впрямую зависят от положения скважин относительно элементов структурных поднятий – свода и присводовых участков, крыльевых погружений и периклинальных окончаний, в которых такие параметры определяются.

Затухание трещиноватости с глубиной, отмеченное по данным исследованных скважин, подтверждает сложную форму нижней границы трещинного резервуара, отличную от плоскости и подошвы карбонатной толщи.

2.5.3. ПРЕВЫШЕНИЕ ВТОРИЧНОЙ ПУСТОТНОСТИ НАД БЛОКОВОЙ («ПЕРЕХЛЕСТЫ»)

Следует остановиться еще на одной особенности пород плотного карбонатного разреза. По большинству исследованных интервалов распределение емкостных параметров общей, блоковой и вторичной пустотности карбонатной толщи подчиняется общим законам соотношения изолированных (закрытых) и открытых пустот в любой породе. Общая – включает все разновидности генетические типов пустот, присутствующих в породе – от микропор и микротрещин, стилолитовых швов до системы открытых трещин и каверн. По величине общая емкость пустотного пространства – максимальна. Блоковая, или открытая емкость, отражает величину пустотного пространства, в пределах которого свободно перемещаются флюиды – нефть, пластовая вода и, естественно, газ. Наконец, вторичная пустотность является частью открытой. Она отражает ту часть пустотного пространства, которое связано с преобразованием плотной матричной породы в трещинный коллектор, тектонического генезиса.

Когда вторичная пустотность равна «нулю», а блоковая и общая совпадают по своим значениям имеет место наличие интервалов уплотненных пород.

Когда общая, блоковая и вторичная пустотность (трещиноватость) имеют конкретные числовые значения, отличные от «0», породы характеризуются смешанным составом пустотного пространства. Сюда входят закрытые и открытые пустоты – микропоры и микротрещины, стилолитовые швы и другие разновидности емкостного пространства пород.

И, наконец, вариант, когда вторичная трещиноватость по своему числовому значению превышает общую. В том числе и блоковую. При этом образуются своеобразные «перехлесты», превышения значений емкостных параметров, природа которых остается не до конца выясненной. Вначале результаты интерпретации таких интервалов ставились под сомнение и считались ошибочными. Однако, наличие «перехлестов» установлено в разрезах скважин многих разведочных площадей и месторождений. Достаточно показательными представляются материалы по Червленному и, особенно, Брагунскому месторождениям, где число таких интервалов максимально.

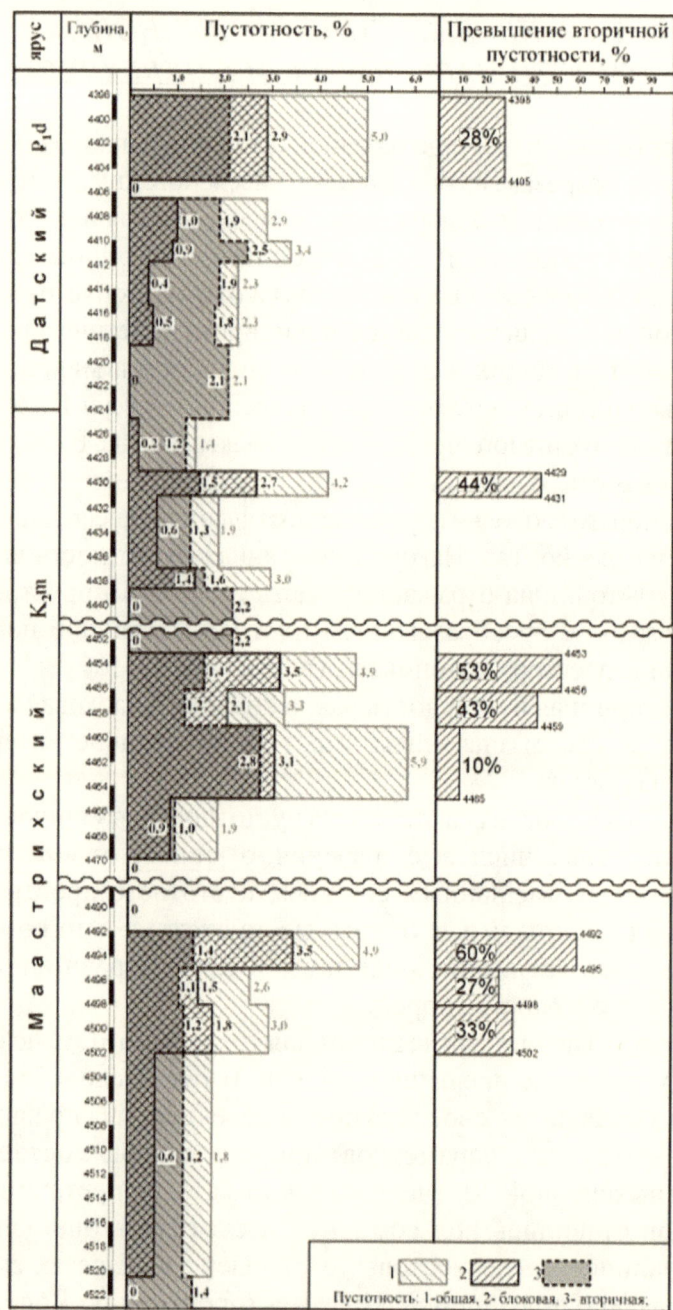

Рис.13 Примеры превышения вторичной пустотности
над блоковой—"перехлёсты"—Брагунское
месторождение—скв. 86

На рисунке 13 приведен интервал продуктивных отложений толщиной около двухсот метров по скважине 86 – Брагунской. В объеме датского и маастрихтского ярусов. Для большей наглядности разрез толщи сокращен за счет неинформативных участков. Глубины обозначены через 10 м. Скважина расположена в присводовой зоне антиклинального поднятия.

В исследуемом разрезе скважины 86 «перехлесты» установлены на четырех уровнях: 1. Интервал 4398-4405 м. При блоковой пустотности 2,1% вторичная равна 2,9%; 2. Интервал 4429-4431 м. Блоковая пустотность равна 1,5%, вторичная 2,7%; 3. Превышение вторичной пустотности над блоковой отмечено на трех участках единого интервала 4453-4465 м. При колебании значений блоковой пустотности в пределах 1,2%-2,9% величины вторичной пустотности значительно, более чем в два раза, превышают блоковую, достигая 3,2%; 4. Аналогичное превышение и распределение вторичной пустотности иллюстрирует интервал 4492-4502 м. Здесь на блоковую емкость приходятся значения от 1,1 до 1,4% при вторичной пустотности, изменения которой лежит в пределах 1,5-3,5%.

Разница в 1-2% для трещинного коллектора величина очень существенная, если учесть, к примеру, границу нефтенасыщения трещинного резервуара, равную примерно 0,2-0,25%.

Наконец, следует отметить еще одну деталь в закономерности распределения превышения вторичной трещиноватости с глубиной. Особенно наглядно это прослеживается в интервалах под номерами 3 и 4. В верхнем, 4453-4465 м, превышение вторичной пустотности над блоковой, с глубиной закономерно сокращается от 53% до 10%. Аналогичная тенденция отмечена в нижнем интервале, 4492-4502 м. Возможно, такое распределение емкостных параметров обусловлено наличием участков разуплотнения пород, отмеченных в разрезах карбонатных толщ. Ниже до глубины 4600 м, значение вторичной пустотности, в основном, были равными нулю. И только в прикровельной части кампанского яруса появилось значение трещиноватости равное 1%. Любопытно сравнение превышения вторичной пустотности, выраженное в процентах. Для интервала 1, приуроченного к датскому ярусу это превышение составило 28%. Для второго, в кровле верхнемеловых отложений – 44%. По третьему и четвертому интервалам превышение вторичной пустотности достигало 60%.

В пределах третьего и четвертого интервалов наметилось более дробное расчленение этого превышения. Причем, с закономерным уменьшением к низам интервалов от 53% до 10% для участка под номером 3 и от 60% до 33%—для четвертого интервала.

На рисунке 14 показаны превышения вторичной пустотности над блоковой, выраженные в процентах, с указанием положения скважин относительно структурных элементов Брагунского поднятия – сводовых, присводовых и крыльевых участков. Однозначно отмечается закономерность в распределении процентных превышений «перехлестов» в пределах антиклинального поднятия. В большинстве своем эти превышения приурочены к прикровельным участкам продуктивного разреза, которые испытывают наибольшее напряжение при формировании структуры. И только в сводовых скважинах, 91 и 96, превышения отмечены на больших глубинах. Это полностью согласуется с распределением тектонических усилий. В сводовых участках отмечается не только большая раскрытость трещин, но и максимальная глубина их присутствия в разрезе толщи.

В сводовых скважинах (83, 91, 96) превышение вторичной пустотности над блоковой достигает 63%. Не исключено, что на эти интервалы приходятся зоны разуплотнения и дробления пород. В присводовых скважинах (76, 93) величины превышений уменьшаются, а на крыльевых участках структуры, практические не установлены.

Примерно такие же распределения «перехлестов» отмечены и по Червленному месторождению. Полученные результаты требуют дополнительных исследований, целесообразность которых связана с построением объемных моделей пространственного размещения залежей углеводородов в трещинных коллекторах. Тем более, что поиски и разведка залежей и месторождений в таких отложениях и на больших глубинах будут оставаться приоритетными направлениями на ближайшую перспективу развития нефтегазовой отрасли многих стран.

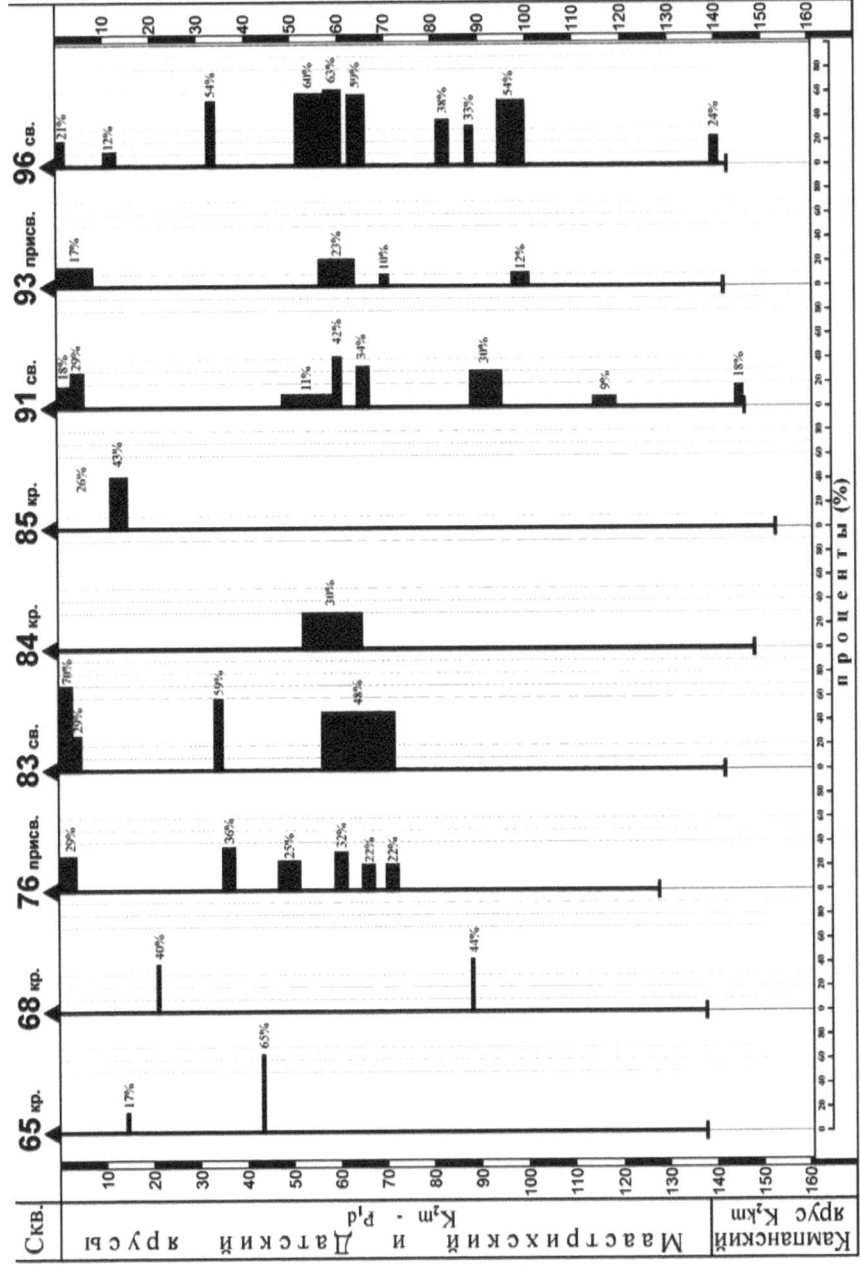

Рис.14 Интервалы превышения вторичной пустотности
над блоковой, "перехлёсты" (в процентах) по скважинам
Брагунского месторождения

2.6. ФЛЮИДОНАСЫЩЕНИЕ ТРЕЩИННЫХ КОЛЛЕКТОРОВ

Основной опыт и знания о наличии залежей нефти и газа в земной коре связаны с размещением углеводородов преимущественно в гранулярных коллекторах. Детально изучены ловушки и резервуары, пространственное размещение углеводородов, графические, математические модели и типы залежей, разработаны методы подсчета запасов и технологии эффективного их извлечения.

Как упоминалось выше, единственным характерным отличием залежей гранулярных и трещинных коллекторов были величины суточных дебитов скважин. Из трещинных резервуаров притоки нефти достигали нескольких тысяч тонн. Участки залежей, приуроченных к единому структурному поднятию, в пределах которого нефть и вода присутствовали на одинаковых гипсометрических глубинах, условно разделялись нарушениями на автономные продуктивные поля. Не объяснимым оставался объем извлеченной продукции, который не вмещался в объем структурной ловушки. И в том случае, когда при подсчете запасов объемным методом использованы предельные величины подсчетных параметров. Зафиксирована так называемая «отрицательная» добыча нефти.

Наконец, в литологически однородной толще разведаны залежи с нефтеводонасыщением по всему продуктивному разрезу. Объяснением этому являются особенности пространственного размещения трещинных резервуаров и формирование в них скоплений нефти и газа.

2.6.1. ПАРАМЕТРЫ ТРЕЩИНЫ

В геологическом разрезе или продуктивной толще любая трещина имеет свои пространственные характеристики – раскрытость, основание, высоту и протяженность (рис. 15). Качественные и количественные параметры существенно зависят от интенсивности тектонических проявлений в процессе складкообразования территории. Раскрытость – это расстояние между стенками трещины (1). Оно изменяется от максимальных до нулевых значений раскрытости. Основанием является точка смыкания стенок («0»), ниже которой отсутствуют признаки емкостного пространства

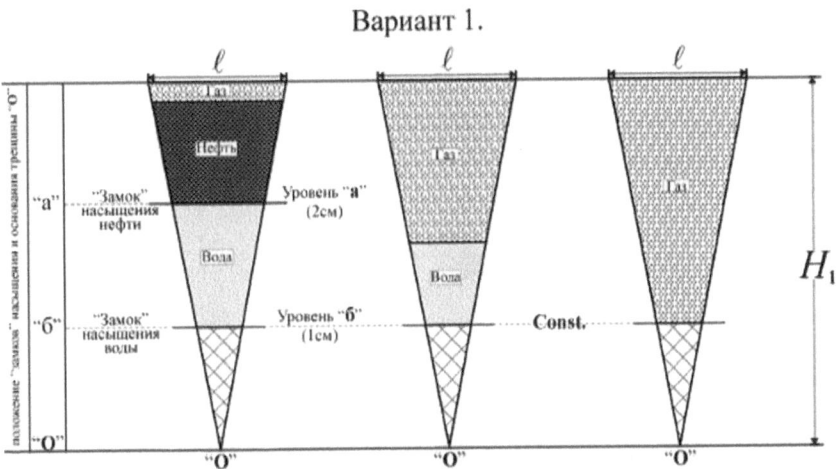

1-равные: раскрытость (ℓ) и высота трещин (H_1)

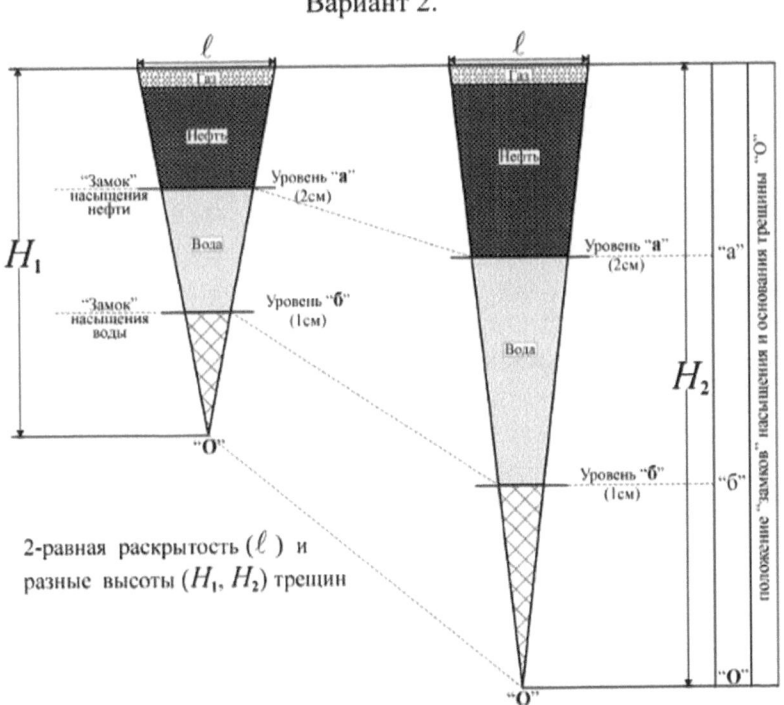

2-равная раскрытость (ℓ) и
разные высоты (H_1, H_2) трещин

Рис.15 Размещение углеводородов и "замков насыщения"
в трещинах плотных пород (1—трещины равной
раскрытости и высоты, 2—трещины равной раскрытости
и различной высоты)

данной трещины. Высота (H) предусматривает расстояние по вертикали от максимальной раскрытости до основания трещины. Протяженность или длина (L) по площади, в пределах которой максимальная раскрытость трещины затухает к ее ограничениям.

Исследованиями и результатами опробования скважин установлено, что матрица плотной карбонатной породы содержит микропоры и микротрещины. Они являются частью общей величины пустотного пространства. Как и в гранулярных коллекторах, заполнены связанной ювенильной водой, и образуют закрытое пустотное пространство трещинной породы.

С учетом некоторых допущений в величинах исходных параметров эффективное пустотное пространство определяется высотой стенок трещин, раскрытостью до основания и протяженностью по площади. А их совокупность в объеме горной породы отвечает потенциальному объему трещинного резервуара, способного в различных процентных соотношениях аккумулировать флюиды. В том числе углеводороды – нефть и газ. Размер, величины параметров и суммарный объем пустот трещинного резервуара существенно зависят от степени тектонической активности региона.

Количественные параметры раскрытости трещин—основного признака свободного перемещения флюидов, дополнительно зависят от термодинамических условий продуктивных отложений, минерализации пластовых вод, физико-химических свойств нефти (и газа). Совокупность этих факторов постоянна для конкретной территории, и является общим фоном для емкостных параметров резервуара и месторождения. Сочетание фоновых характеристик в пределах других территорий может существенно отличаться по значениям, а также влиять на емкостные параметры коллекторов. Но и там будут оставаться константными для данного региона. Количественные значения трещиноватости пород могут быть определены по данным исследования керна, поднятого в процессе бурения скважин и по комплексу промыслово-геофизических исследований.

2.6.2. НЕФТЕВОДОНАСЫЩЕНИЕ ТРЕЩИН

На рисунке 32 показан упрощенный вариант условной трещины и её нефтегазоводонасыщение. Вариант 1 иллюстрирует различные соотношения подвижных флюидов в эффективном объеме трещины.

Она может быть одновременно заполнена тремя флюидами – газом, нефтью и пластовой водой. Возможно присутствие двух составляющих – нефти и воды, газа и воды. В большинстве случаев трещинное пространство заполнено пластовой водой. Исключая незначительный объем связанной воды, которая присутствует повсеместно и пленкой покрывает стенки трещины любой раскрытости и высоты. Газ, как и подвижная пластовая вода, вследствие своих физико-химический свойств, весьма подвижен и способен насыщать любое открытое пространство. Согласно этому в трещинных резервуарах, как и в гранулярных коллекторах, формируются различные типы залежей—газонефтяные, нефтяные и газовые.

Флюидонасыщение отдельной трещины, а также их сочетания строго подчинено двум принципиальным условиям. Одно – общеизвестно и отвечает последовательному распределению подвижных флюидов в едином пустотном пространстве согласно их удельных весов: газ-нефть-вода. Четвертый уровень отвечает интервалу, примыкающему к основанию трещины, где пустотное пространство несоизмеримо мало. И заполнено частицами разрушенной горной породы и связанной водой. Этот участок трещины непроницаем для подвижных флюидов.

Для трещин равной раскрытости и высоты уровень, примыкающий к основанию трещины – величина постоянная. Не зависит какими флюидами газом или водой заполнено открытое пустотное пространство. В любом резервуаре с системой различных по раскрытости трещин безусловным является присутствие пластовой воды, транспортирующей рассеянные углеводороды в благоприятные структурные ловушки для скопления залежей. Вода более активна по сравнению с нефтью. В пределах продуктивного резервуара она всегда расположена ниже нефти. А тем более – газа. Что не согласуется с распределением флюидов в процессе их извлечения.

При несоблюдении технологических режимов разработки залежей нарушается классической равновесие флюидов. При очаговом снижении давления в объеме резервуара свободная вода опережает продвижение нефти к забоям эксплуатационных скважин. Это приводит к образованию «языков» и «конусов» обводнения не только в призабойных зонах скважин, но и залежи вцелом. Существенно снижая коэффициент нефтеизвлечения. Иногда искусственно создается ситуация полного обводнения залежи. В настоящее время имеют место примеры, когда в пределах «обводненных» залежей после длительной их остановки получали промышленный приток нефти из скважин восстановленного фонда.

Данное пояснение представляется необходимым учитывать при геометризации залежей трещинных коллекторов. Когда технологические результаты работы скважин расцениваются, как природные факторы, согласно которым и строилась ошибочная модель размещения залежи. Без учета особенностей нефтеводонасыщения трещинных коллекторов.

Вариант 2. Долгое время оставались сомнения в качестве полученных результатов, когда нефте—и водонасыщенные интервалы многочисленных скважин гипсометрически перекрывались по всему продуктивному полю залежей. По двум условным трещинам равной раскрытости (32), но разной высоты – H_1 и H_2 такое перекрытие имеет место. Причем, принципиальное условие классического распределения флюидов в каждой конкретной трещине не нарушается.

В совокупной системе трещин различной раскрытости и высоты, это кажущееся гипсометрическое несоответствие нефте—и водонасыщенных интервалов глубин закономерно. Оно не нарушает классического распределения углеводородов в едином резервуаре. Обусловлено наличием жестких условий раскрытости трещин, ниже которых проникновение нефти или подвижной воды исключено вследствие существенных различий физико-химических свойств подвижных флюидов. В частности, такого параметра, как вязкость.

В связи с этим явилось необходимым ввести новое геологическое понятие «замок насыщения» трещинных коллекторов подвижными флюидами.

2.6.3. «ЗАМКИ НАСЫЩЕНИЯ» НЕФТИ И ВОДЫ

Геологическое понятие «замок насыщения» основано на законах заполнения пустотного пространства пород различными флюидами – водой, нефтью, газом в зависимости от типа коллектора, размера пор или раскрытости трещин.

Погребенная, или седиментационная вода сохраняется породой со времен накопления осадка. В процессе следующих преобразований, начиная с уплотнения осадка и воздействия термодинамических факторов, пластовая вода предстает в двух состояниях. В качестве свободной заполняет крупные и средние пустоты, и по каналам фильтрации способна перемещаться в геологических толщах. Обогащаясь различными компонентами, превращается в слабо или сильно минерализованную пластовую воду.

Часть седиментационной воды заполняет микропоры и микротрещины. Вода обволакивает частицы породы, стенки пустотного пространства и является неотъемлемой составляющей непроницаемой матрицы. Остается неподвижной. Названа связанной или пленочной. В зонах нефтегазонакопления определенный объем пустотного пространства продуктивных отложений заполнен скоплениями углеводородов.

Таким образом, в любой горной породе при сочетании благоприятных признаков присутствуют объемы пустот, занятых, связанной погребенной водой, свободной пластовой водой и подвижной нефтью. Особое место занимает газ. В отличие от нефти, газ проникает во все открытые пустоты пород, кроме микропор и микротрещин.

Распределение флюидов контролируется раскрытостью трещин и возможностью флюидов проникать в эти пространства. Граничные значения этого проникновения и названы «замками насыщения» породы флюидами. Это тот минимальный размер раскрытости пор или трещины (независимо от ее протяженности), куда возможно или исключено проникновение нефти и воды. Эти величины разные.

«Замок» предельного насыщения подвижной воды – это сечение пустот, которое контролируется тончайшими капиллярами, заполненными связанной водой. Свободная – ниже этого уровня не проникает. «Замок насыщения» нефти – это граничный размер раскрытости трещин или любого пустотного пространства коллектора, ниже которого проникновение нефти исключено вследствие проявления таких характеристик, как вязкость, гидрофобность и других. В то время, как для пластовой воды эта раскрытость не является преградой – она заполняет все пространство, недоступное для проникновения нефти.

Таким образом «замок насыщения»—это уровень, который контролирует нефтеводонасыщение открытых пустот и впрямую зависит от раскрытости трещин, физико-химических свойств флюидов и термодинамических условий продуктивных отложений. В пределах единого резервуара эти разновысотные уровни для нефти и воды величины постоянные (const). В том числе для трещин, занимающих различное гипсометрическое положение в объеме единой продуктивной толщи.

Рассмотрены три позиции положения «замков» флюидонасыщения в трещинных резервуарах – при равной раскрытости и высоте трещин; при равной раскрытости и различной высоте трещин; при сочетании трещин различных по раскрытости, высоте и гипсометрическому положению в объеме единого трещинного резервуара.

На рисунке 15 показаны все варианты размещения углеводородов.

Выше упоминалось, что трещинные резервуары содержат различные типы залежей. Распределение флюидов в их пределах строго контролируется положением «замков» насыщения нефти—уровень «а» и воды – уровень «б». На рисунке это условное сечение трещины принято равным 2 см и 1 см – для

нефти и пластовой воды, соответственно. Для трещин равной раскрытости и высоты положения «замков» нефте—и водонасыщения будет одинаковым для аналогичных трещин в любой точке резервуара. Например, как показано на рисунке 15 (вариант 1) «замок» насыщения подвижной воды одинаков для всех типов залежей. Более информативным представляется второй вариант рисунка. Здесь даны примеры различных по высоте трещин равной раскрытости 1, приуроченных к единой шкале гипсометрических глубин. В пределах разновысотных трещин размещение нефтегазовой залежи, подстилаемой водой.

Существенным представляется пространственное соотношение «замков» насыщения двух разновысотных трещин. Положение «замков» нефтенасыщения трещин (уровень «а») всегда соответствует равной их раскрытости (2 см). Какой бы высоты эти трещины не были в системе единого резервуара. Изменяется только расстояние между «замками» нефте – («а») и водонасыщения («б»).

Аналогично положение «замков» насыщения трещин свободной пластовой водой. Для сравниваемых трещин «замок» насыщения подвижной воды отвечает уровню «б» (для примера 1 см).

Принципиальным является то, что равные по сечению «замки» насыщения, расположены на разных расстояниях от оснований трещин, увеличиваясь к трещине большей высоты (H_2). Такая же закономерность прослеживается и для расположения «замка» нефтенасыщения (2 см), ниже которого присутствие нефти в конкретной трещины и их совокупности исключено.

При равной раскрытости в трещине большей высоты уменьшается расстояние между «замками» насыщения от её основания. Возрастает нефтенасыщенная толщина продуктивного разреза, сокращается водонасыщенная «подушка», подстилающая залежь. Границы нефти и воды в разновысотных трещинах занимают различное гипсометрическое положение оставаясь равными 1 см и 2 см принятыми для примера. И не укладываются в геометрию единой горизонтальной плоскости раздела нефти и воды. В отличие от газонасыщенной части продуктивного разреза («газовой шапки»), в пределах которого газонефтяной контакт моделируется, как горизонтальная плоскость, независимо от размера открытых пустот.

Наконец, следует проанализировать распределение флюидов для совокупности трещин различной раскрытости, высоты и положения в объеме трещинного резервуара. Приведены две модификации рисунка. Одна – иллюстрирует теоретический вариант распределения «замков» насыщения при одинаковом положении оснований различных по параметрам трещин – рисунок 16. По обе стороны рисунка вынесены положения «замков» нефтенасыщения – a_1; a_2, a_3, a_4 (левая шкала) и водонасыщения – $б_1$, $б_2$, $б_3$, $б_4$ (правая шкала). Положение соответствующих «замков» насыщения отдельной трещины и их сочетание позволяет построить модели двух важнейших поверхностей – нижней границы залежи нефти (ВНК) и нижней границы подвижной, свободной воды, которая совпадает с нижней границей эффективного трещинного коллектора и аппроксимируется в качестве «ложа» резервуара. Обе поверхности не соответствуют плоскости раздела нефти и воды при геометризации большинства залежей углеводородов по общепринятым методикам без учета особенностей трещинных коллекторов.

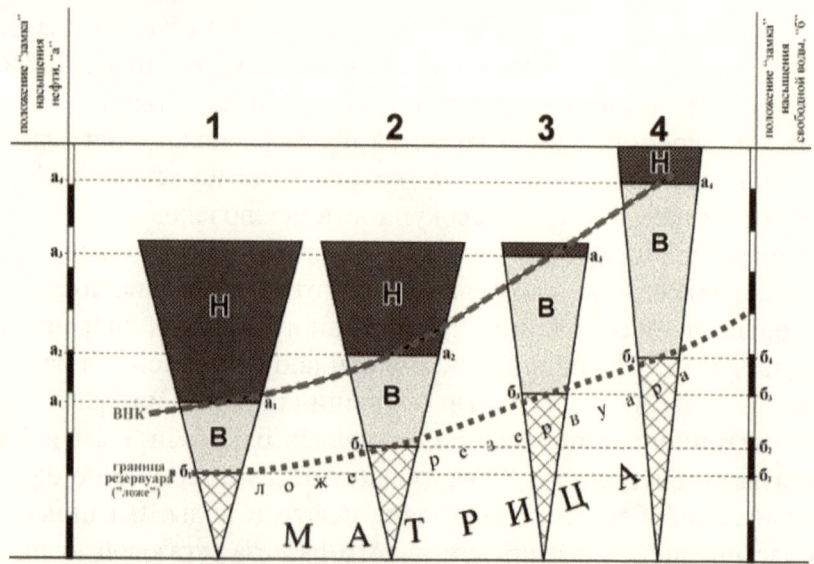

Рис.16 Высотное соотношение подвижных флюидов
и "замков насыщения" нефти и воды в трещинных
различной раскрытости и высоты при одинаковом
положении основания трещин

Отличием второй модификации (рис. 17) является «хаотичное» размещение различных по параметрам нефтеводонасыщенных трещин в пространстве, условно приближенном к реальному размещению флюидов в объеме трещинного резервуара. Построение границ залежи и резервуара по положению «замков» насыщение повторено в несколько измененном масштабе. Такой прием необходим для обоснования последующих построений ранее не известных поверхностей ограничения трещинного резервуара. В виде геометризации формы нефтеводяного контакта.

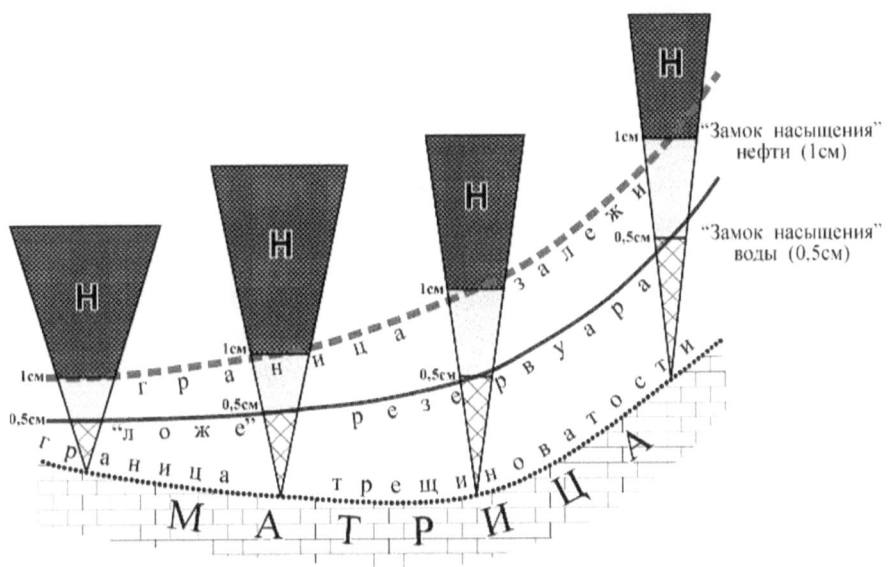

Рис.17 Размещение углеводородов и "замков насыщения"
в трещиннах различной раскрытости, высоты и
положения в пространстве

«Ложе» эффективного резервуара совпадает с границей трещиноватости, представленной микропустотами, заполненными связанной водой. Это приподошвенная зона трещиноватости, форму поверхности ограничения которой определяет совокупность точек, соответствующих положениям основания трещин. Это граница двух состояний плотной породы – трещиноватой, но не эффективной и непроницаемой матрицы, не затронутой процессом тектогенеза.

Теоретическое обоснование важнейших границ трещиноватости пород и их нефтеводонасыщение подтверждено геологическими и промысловыми материалами, полученными в процессе разведки и разработки нефтяных месторождений, залежи которых приурочены к толщам плотных карбонатных пород.

2.6.4. СИСТЕМЫ ТРЕЩИН

По флюидонасыщению все многообразие открытых трещин разбивается на две системы. Мелкие и средние по раскрытости трещины – группа I_1, I_2, I_3, I_4 и другие на рисунке 18 способны содержать только подвижную, свободную воду. Они полностью закрыты для нефти вследствие вязкости и гидрофобности. Эта водоносная система автономно может пронизывать весь трещинный резервуар, от его кровли до нижней границы залежи.

Вторая система – II_1, II_2, II_3 и другие – представлена крупными трещинами, в которых содержится и свободно перемещается нефть, тем более – пластовая вода. В этой системе пустот нефть и вода распределяется соответственно удельных весов с четким разделом флюидов в каждой отдельной трещине или их совокупности. При этом формируется нефтяная залежь, подстилаемая водой.

Наличие двух автономных групп трещин, «I» и «II», в едином резервуаре, обуславливает образование нефтеводяной залежи. Соответственно, при опробовании условного интервала перфорации минус 3040 – минус 3130 м, пересекающего трещины обоих систем, скважина будет подавать нефть (150 т/сут.) и воду (10 м3/сут.). Или только нефть, 150 т/сут., если продуктивная часть резервуара представлена крупными трещинами системы «II».

Следовательно, только две из трех названных систем образуют эффективное пустотное пространство, в котором свободно перемещаются подвижные флюиды в процессе формирования залежей и к забоям скважин при разработке месторождений. Таким образом, в трещинном резервуаре, в различных процентных соотношениях присутствуют все три системы трещин. Однако нефтеводонасыщение коллекторов связано с наличием двух систем – крупных и средних. Нефтяные залежи с четким разделением флюидов характерны для толщ с преимущественно крупными трещинами. Нефтеводяные формируются в толщах с двумя системами раскрытости трещин – крупных и средних. В первых присутствуют и нефть и вода с четким распределением флюидов. Трещины средней раскрытости содержат только свободную (подвижную) воду. Присутствие двух систем трещин в едином резервуаре обуславливает нефтеводонасыщение по всей продуктивной толще.

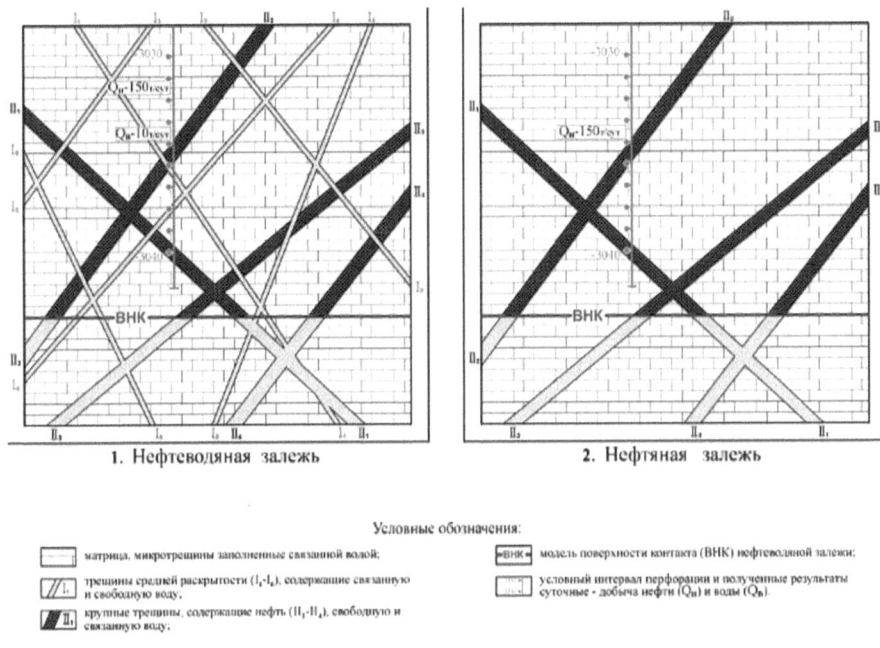

1. Нефтеводяная залежь   2. Нефтяная залежь

Условные обозначения:

матрица, микротрещины заполненные связанной водой;

трещины средней раскрытости (I_1-I_4), содержащие связанную и свободную воду;

крупные трещины, содержащие нефть (II_1-II_4), свободную и связанную воду;

модель поверхности контакта (ВНК) нефтеводяной залежи;

условный интервал перфорации и полученные результаты суточные - добыча нефти ($Q_н$) и воды ($Q_в$).

Рис.18 Принципиальная схема нефтеводонасыщения
трещинных коллекторов

2.6.5. ЗОНАЛЬНОСТЬ ТРЕЩИННЫХ РЕЗЕРВУАРОВ ПО РЕЗУЛЬТАТАМ ОПРОБОВАНИЯ И ЭКСПЛУАТАЦИИ СКВАЖИН

Изучение пространственного размещения верхнемеловых отложений с высокой степенью разбуренности территории позволило однозначно доказать зональное (локальное) распределение трещиноватости пород в пределах антиклинальных структур с образованием замкнутых резервуаров для скопления залежей углеводородов. Такие материалы получены по многим – Октябрьскому, Брагунскому, Червленному и другим высокодебитным месторождениям Восточного Предкавказья.

Учитывая дискуссионный характер толкования природы нефтеводонасыщения трещинных коллекторов представляется необходимым приводить многочисленные примеры месторождений, где получены одинаковые результаты, которые укладываются в новые представления о формировании резервуаров и залежей в плотных породах, пустотное пространство которых обусловлено преимущественным проявлением тектонического фактора.

Для этих целей использованы геолого-промысловые материалы – дебиты нефти и воды по разведочным и эксплуатационным скважинам, результаты интерпретации геофизических исследований, графический материал и его толкование согласно новых представлений нефтеводонасыщения трещинных коллекторов. Для наглядности рисунков не все скважины нанесены на структурные планы. Реальное количество их исчисляется десятками и сотнями скважин.

В попытке объяснить необычные качественно полученные результаты работ при изучении месторождений возникали различные варианты интерпретации геологического строения антиклинальных поднятий и размещения в них залежей углеводородов. Это затрудняло выбор предпочтительного варианта для сравнения с новыми представлениями об особенностях пространственного размещения залежей в трещинных коллекторах, когда «нестандартные» результаты опробования сотен скважин четко укладывается в модель трещинного резервуара и залежи с поверхностью раздела нефти и воды, исключающей форму плоскости горизонтальной или наклонной.

Из общей совокупности месторождений выбраны те, которые по объему фактических материалов обеспечивают полную и объективную информацию о зональном распределении трещинных коллекторов по результатам опробования и эксплуатации скважин.

На рисунке 19 показаны структурная карта и два профиля скважин Октябрьского месторождения. Профиль I-I проходит через свод по центру залежи и включает скважины 227-257-206-217-225-258. Максимальный дебит нефти в этом профиле получен из присводовой скважины 217 – 540 т/сут. К периклинальным окончаниям дебиты закономерно уменьшаются до нулевых значений. В профиль II-II включены скважины 227-251-252-216-258, расположены последовательно по южному обрамлению залежи. Притоки из этих скважин не были получены. Интервалы опробования оказались «сухими» и после неоднократной кислотной обработки призабойных зон, представленных известняками с карбонатной составляющей свыше 90%.

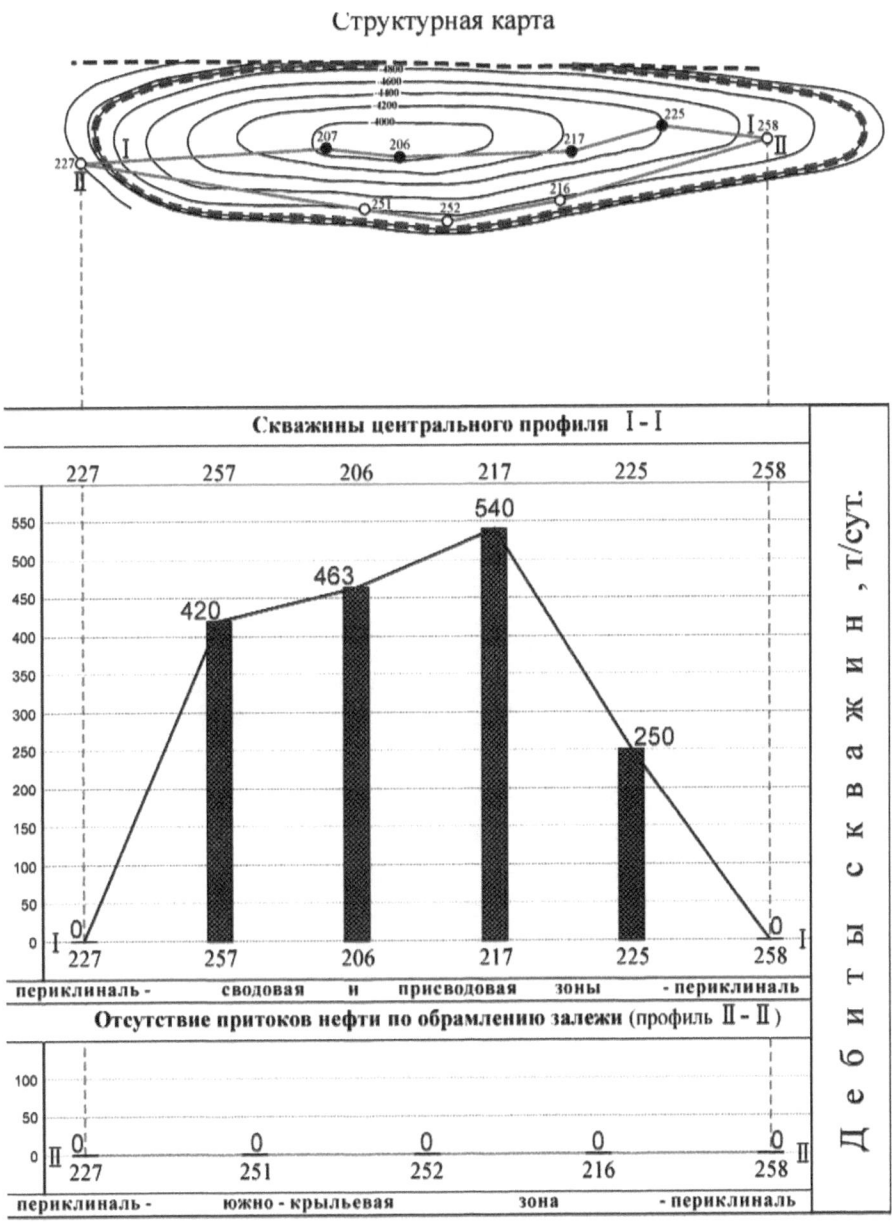

Рис.19 Результаты профильного опробывания скважин
Октябрьского месторождения

Первая, 227, и последняя, 258, скважины двух профилей одинаковы. Они смыкают обе закономерности. Профили I и II ограничивают пространство и характеризуют значительную часть трещинного резервуара и залежи Октябрьского месторождения. Промышленные притоки безводной нефти присводовых скважин и отсутствие притоков по обрамлению залежи доказывают зональное распределение трещиноватости карбонатных пород на примере Октябрьского месторождения. Дополнительно, аналогичные результаты получены по Брагунскому и Червленному месторождениям. В сводном профильном графике на рисунке 20, для сравнения и доказательности повторено Октябрьское, а также приведены данные по Брагунскому и Червленному месторождениям. По всем месторождениям рассмотрены профили опробования продуктивных скважин, и тех, которые обрамляют залежи при отсутствии притоков флюидов. Максимальные дебиты месторождений существенно различаются. Достаточно сравнить сводовые скважины 48 и 43 Брагунские, где дебиты достигают полутора тысяч тонн в сутки со сводовой скважиной 108-Червленного месторождения, 300 т/сут. Любопытны здесь не величины дебитов, а закономерный характер уменьшения их к границам продуктивных полей с полным отсутствием притоков не только нефти, но и воды из приконтурных скважин.

Учитывая принципиальный характер нефтеводонасыщения трещинных резервуаров, отличный от общепринятых представлений, целесообразно привести материалы и других месторождений Предкавказской нефтегазоносной провинции, которые также подтвердят зональность трещиноватости пород по площади и по разрезу продуктивной толщи. Это Мескетинское и Северо-Минеральное месторождения и группа месторождений, расположенных по всей исследуемой территории, ни на одном из которых закономерность изменения нефтенасыщения трещинного резервуара не была опровергнута.

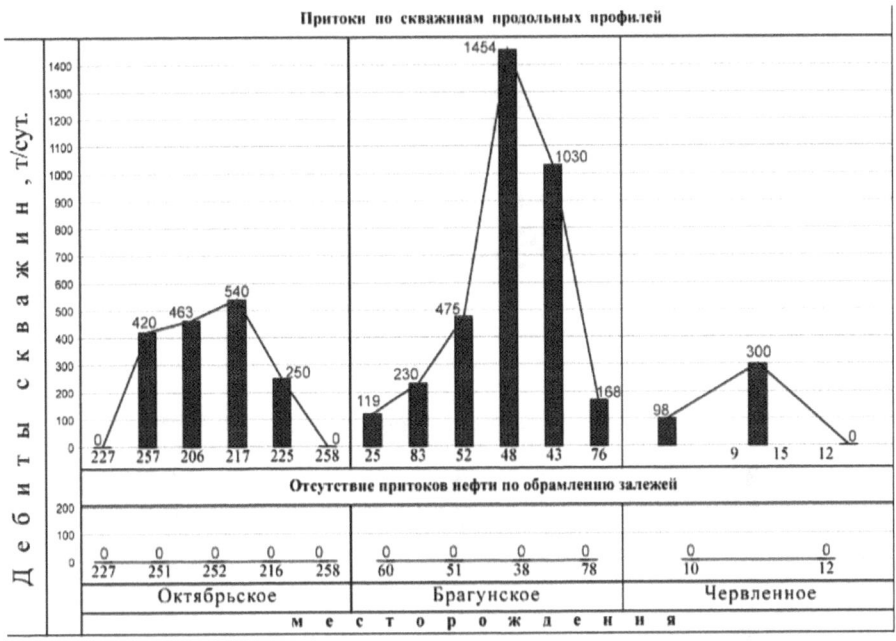

Рис.20 Зональное распределение трещинных резервуаров
по данным опробывания и эксплуатации скважин ряда
месторождений Восточного Предкавказья

Мескетинское месторождение. Трещинный карбонатный коллектор и залежь нефти разбиты на блоки с различными отметками водонефтяных контактов (рис. 21). Проанализированы данные опробования скважин 3, 5 и 6. Согласно новых представлений о трещинных коллекторах, наиболее интересными представляются материалы по скважине 3, в которой раздельно опробованы три уровня продуктивной толщи. Из интервалов 4870-4888 м и 4903-4913 м, опробованных совместно в кровельной части маастрихтского яруса, промышленный приток нефти составил 48 т/сут.

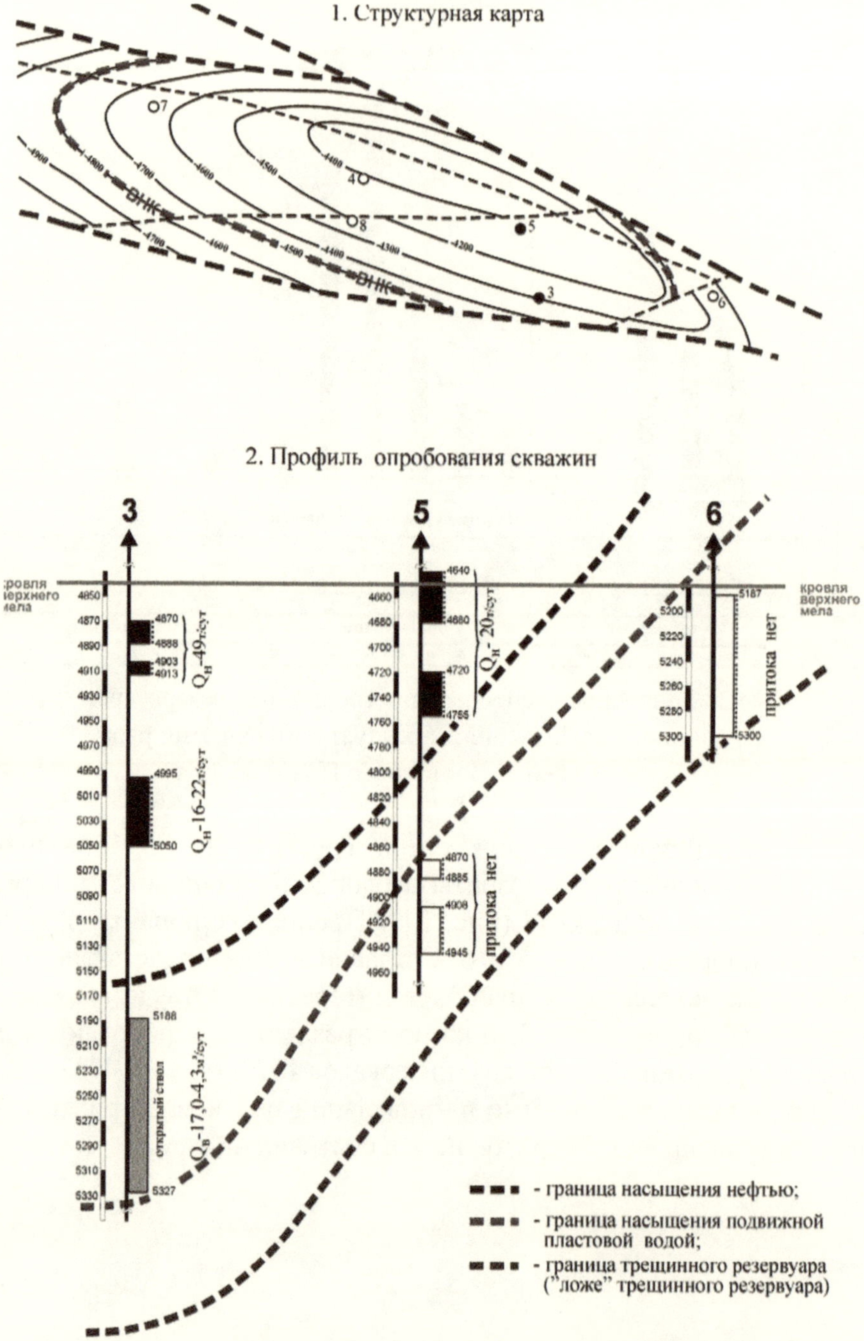

1. Структурная карта

2. Профиль опробования скважин

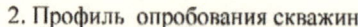

- ▬▬ - граница насыщения нефтью;
- ▬▬ - граница насыщения подвижной пластовой водой;
- ▬▬ - граница трещинного резервуара ("ложе" трещинного резервуара)

Рис.21 Мескетинское месторождение. Структурная карта и результаты опробывания скважин

Второй, ниже расположенный уровень опробования, интервал 4995-5050 м, соответствует кампанскому ярусу. Здесь также получен промышленный приток нефти. Однако величина притока колебалась в пределах 17-22 т/сут. Ниже более чем в два раза по сравнению с предыдущим результатом.

Наконец, из нижнего интервала 5188-5327 м, опробованного в открытом стволе, получен приток пластовой воды, дебит которой резко сократился от 17 до 4,3 м3/сут. Признаки нефти не обнаружены.

Учитывая распределение нефти и воды в отдельной трещине и трещинном резервуаре в целом, присутствие нефти, контролируемое «замком» насыщения в интервале затухания трещиноватости, абсолютно исключено. А слабые притоки пластовой воды при вязкости значительно ниже, чем у нефти, усиливают доказательства смыкания трещин с глубиной.

Набор перфорированных интервалов скважины 5 также характеризует два уровня насыщения трещинного резервуара. Прикровельная зона маастрихтского яруса опробована в интервале 4640-4755 м. Получены промышленные притоки безводной нефти. Дебит 20 т/сут. Второй уровень совместного опробования двух интервалов в пределах глубин 4870-4945 м оказался «сухим». Наконец, в скважине 6 также была опробована прикровельная зона верхнемеловых известняков в интервале 5187-5300 м. Из этой, более чем стометровой толщи карбонатного разреза приток вызвать не представилось возможным и после многократных кислотных обработок призабойной зоны скважины.

По скважинам Мескетинского месторождения, расположенным по профильному направлению, четко отмечается закономерное распределение по глубинам результатов опробования: нефтенасыщенных и интервалов, из которых притоки флюидов не были получены. При качественно проведенных работах это гипсометрическое соотношение в разрезе конкретной скважины не было нарушено. Однако в системе опробованных скважин это условие не соблюдается. В единой залежи отметки раздела нефти и воды гипсометрически располагаются на разных глубинах. Но эти различия не хаотичны. Они четко и закономерно укладываются в единую поверхность подошвы залежи, которая имеет явно чашеобразную форму с наибольшей глубиной отметок ВНК в центре залежи и повышением их положения к обрамлению продуктивного поля. По данным скважин Мескетинского месторождения однозначно намечается граница насыщения трещинного коллектора нефтью, граница насыщения свободной водой и ложе трещинного резервуара.

Весьма показателен подробный анализ материалов по Северо-Минеральному месторождению, представления о котором существенно изменились во времени .

Северо-Минеральное месторождение. Продуктивные породы плотные известняки. Возраст верхний мел. Структура, к которой приурочена залежь нефти, представляет собой типичную линейную складку, южное крыло которой отсечено тектоническим нарушением.

Крыло складки с диапазоном высот 4800-5400 м спокойно погружается в северном направлении (рис. 22). Сводовая, присводовая зоны и периклинальное погружение четко обозначают элементы антиклинальной структуры. Здесь намечаются две стадии проявления тектонических усилий – I и II порядков. Процесс формирования поднятия сопровождался образованием зоны трещиноватости пород I порядка, которая соответствовала размерам всего поднятия.

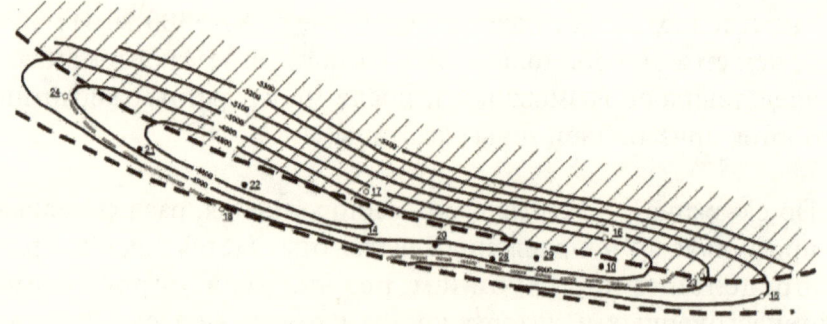

Рис.22 Особенности Северо-Минерального
месторождения

Однако наибольшие усилия и продолжительность воздействия тектонического процесса приходились на сводовую зону. Последствием этих усилий является разрушение целостности карбонатной толщи с образованием автономных блоков и смещением южного блока, относительно структурного поднятия в целом. На участках, примыкающих к нарушениям, возникают зоны повышенной трещиноватости пород, где присутствуют трещины максимальной раскрытости.

В пределах месторождения пробурено тринадцать скважин. Наличие зоны тектонической активности I порядка характеризуют скважины 17,16, 23, которые расположены в присводовой зоне поднятия, вне зоны нарушения. При опробовании этих скважин получены слабые притоки пластовой воды дебитом не более 7 м3/сут. Из скважины 23 приток вызвать не удалось. Интервал оказался «сухим».

Принципиально отличаются результаты скважин 24 и 15, расположенных на западной и восточной периклиналиях поднятия. В скважине 24 приток пластовой воды составил 150 м3/сут. Отмечалась пленка нефти – существенный показатель для трещинного резервуара. Возможно предположить, что интервал перфорации приходится на зону контакта нефти и воды. То есть, в его пределы попадает «замок» нефтенасыения. Скважина 15 по количеству пластовой воды (15 м3/сут.) попадает в зону затухания трещиноватости пород. Но, находясь вблизи разрывного нарушения, имеет небольшую долю крупных трещин, способных содержать подвижную нефть (0,5 м3/сут.). В модель трещинного резервуара укладываются результаты скважин 10, 14, 21 и других, притоки нефти из которых исчислялись сотнями кубометров в сутки.

На примере этого месторождения также целесообразно привести результат по скважине 17, опробованной в трех интервалах. По ряду других месторождений прослеживается доказательная связь результатов опробования скважины и затухания трещиноватости пород с глубиной. В верхнем интервале получена максимальная величина дебита – 77 м3/сут. В среднем 44 м3/сут. В нижнем – 25 м3/сут.

В сводовых зонах высокоапмлитудных структур с высотой поднятий до тысячи метров – Старогрозненское, Октябрьское и другие месторождения, залежи приурочены к участкам повышенной трещиноватости пород. Скопление углеводородов здесь формируется с четким разделением нефти и воды. Границы залежи моделируются как плоскости – горизонтальные или наклонные, что не исключает наличия процесса затухания трещиноватости с глубиной. Но эти зоны расположены за пределами нефтенасыщения резервуара.

Уменьшение трещиноватости плотных карбонатных пород с глубиной подтверждено результатами опробования большинства исследованных месторождений. Кроме приведенных выше, доказательными представляются материалы еще по семи месторождениям (рис. 23). Основное внимание уделено

той части трещинного резервуара, которая граничит с непроницаемой матричной породой, при опробовании которой приток вызвать не удалось. Вторая группа скважин свидетельствует о закономерном распределении подвижных флюидов в трещинном резервуаре согласно удельных весов. Это скважины 197, 190 Гудермесского, 231 Октябрьского и 666 Старогрозненского месторождений. Также закономерно распределяются дебиты нефти и воды в разрезе карбонатной толщи. Уменьшаясь с глубиной от максимальных значений, исчисляемых сотнями кубометров в сутки до нескольких единиц объема продукции (скв. 231).

Несколько подробнее следует остановиться на материалах Северо-Брагунского месторождения. Кроме скважин 7 и 9 показательными являются результаты скважин 11 и 6. В скважине 11, расположенной на восточной периклинали, получены притоки нефти – 3,1 т/сут., и пластовой воды – 3,0 м3/сут. Такие результаты свидетельствуют о наличии крупных и средних трещин в продуктивном разрезе. Учитывая повышенную вязкость нефти по сравнению с водой, при равных величинах притоков больший процент объема приходится на крупные трещины пустотного пространства.

В скважине, 6 присводовой, где тектоническое напряжение приближается к максимальному, дебит нефти резко вырос и составил величину 300 м3/сут. При полном отсутствии пластовой воды. Полученный по скважине 6 результат, еще раз свидетельствует о максимальных значениях трещиноватости в сводах и присводовых участках антиклинальных поднятий. Вода в таких зонах размещается согласно удельного веса, ниже «замка» нефтенасыщения резервуара, наконец, геологический профиль скважин Северо-Брагунского месторождения на рисунке 23 свидетельствует об условности применения методов геометризации границ резервуаров и залежей без учета особенностей нефтеводонасыщения трещинных коллекторов тектонического генезиса.

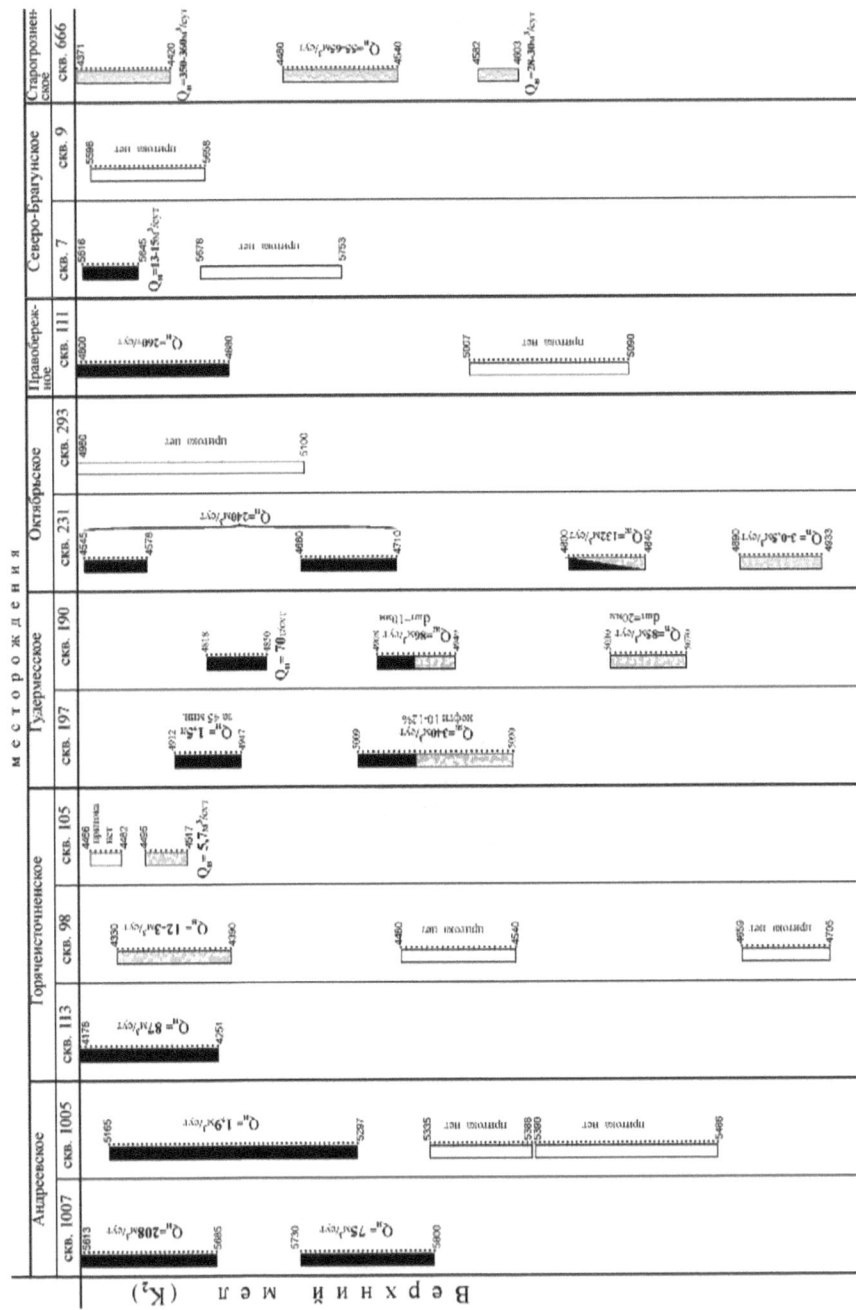

Рис.23 К обоснованию модели трещинного резервуара
и залежи на примерах месторождений Восточного
Предкавказья

2.6.6. ГРАФИЧЕСКИЕ МОДЕЛИ ОСНОВНЫХ ТИПОВ ЗАЛЕЖЕЙ

Основные особенности нефтеводонасыщения трещинных коллекторов установлены при изучении малоамплитудных поднятий и залежей Центрального Предкавказья. В пределах таких поднятий четко прослеживаются зоны распространения трещиноватости плотных пород и ограничение их по площади и геологическому разрезу. Эти зоны вскрыты и исследованы сетью

пробуренных и исследованных скважин по всему эффективному объему пород. Установлено, что максимальная трещиноватость приурочена к сводам поднятий и закономерно уменьшается к границе распространения трещинного резервуара. По многочисленным данным построена чашеобразная форма нефтеводяного контакта, природа которого некоторое время оставалась неясной, а, следовательно, дискуссионной.

Сложнее оказалось доказать особенности трещинных резервуаров и обосновать модель залежей в ловушках, приуроченных к поднятиям, высота которых исчисляется многими сотнями метров. Высокоамплитудные поднятия формируются на участках повышенной тектонической активности, нередко при этом трещиноватые зоны распространяются за пределами структурных ловушек, аккумулирующих углеводороды. В таких резервуарах, залежи формируются в зонах развития максимальной трещиноватости, система трещин в которых обуславливает свободное перемещение и нефти и пластовой воды с разделением флюидов согласно их удельных весов. Для таких залежей исключено влияние «замков насыщения», так как зоны затухания находятся на сотни метров ниже залежей.

На рисунке 24 приведены основные типы графических моделей нефтяных и нефтеводяных залежей, приуроченных к трещинным коллекторам.

Нефтяные залежи, как правило, высокоамплитудных поднятий и значительных по запасам, размещены в пределах трещинных зон представленных крупными трещинами, системы которых обеспечивают единое открытое пустотное пространство. Флюиды здесь размещаются согласно удельных весов. Залежи подстилаются пластовой водой и ограничиваются кровлей резервуара и поверхностью водонефтяного контакта (ВНК), который моделируется как плоскость горизонтальная или наклонная.

1. Условная модель нефтяной залежи
(крупная трещиноватость)

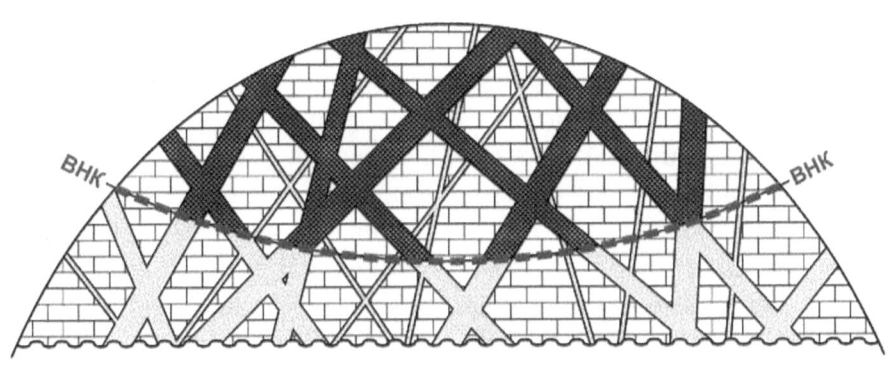

2. Условная модель нефтеводяной залежи
(крупная и средняя трещиноватость)

Рис.24 Графические модели нефтяной
и нефтеводяной залежей

Наличие нефтяной залежи в трещинном резервуаре не нарушает представлений о зональном строении коллектора, затухание трещиноватости по площади и с глубиной. Но амплитуды поднятий исчисляются сотнями, а нередко и тысячей метров. Только некоторые скважины в процессе разбуривания месторождений вскрывают и фиксируют глубины этого затухания. Они оказываются далеко за пределами интервалов продуктивного разреза.

Нефтяные залежи – это скопления углеводородов малоамплитудных поднятий. Продуктивные отложения представлены двумя системами трещин, одна из которых способна содержать только пластовую воду, другая – нефть (и воду). Залежь ограничивается кровлей резервуара и разновысотной поверхностью раздела нефтеводяной и водяной частями насыщения продуктивного (геологического) разреза. Нижнее ограничение залежи имеет чашеобразную форму с максимальной глубиной в центре залежи.

Прямые доказательства единой природы трещинных резервуаров и присутствия различных типов залежей в литологически однородной толще пород, приуроченных к мало—и высокоамплитудным ловушка, весьма ограничены. Поэтому общность таких различных моделей трещинных коллекторов и их нефтеводонасыщение показаны раздельно, по основным признакам, параметрам резервуаров и залежей, а также результатам опробования разведочных и эксплуатационных скважин. Таким образом:

1. По комплексу промыслово-геофизических исследований, результатам опробования и эксплуатации ряда месторождений доказана зональность распространения трещиноватости плотных пород по площади;

2. Установлено затухание трещиноватости с глубиной;

3. Наличие чисто нефтяных залежей обусловлено наибольшей раскрытостью трещин в сводах и присводовых зонах высокоамплитудных поднятий;

4. В нефтяных залежах граница нефтенасыщенной и водонасыщенной зон моделируется по нижним отметкам получения нефти. В залежах со нестандартным насыщением флюидами нижняя граница продуктивного объема разделяет нефтеводонасыщенную и водонасыщенную зоны трещинного резервуара;

5. Определенные затруднения связаны с обоснованием водонефтяных контактов, которые в значительной мере определяют полезный объем ловушки и её запасы. Без учета особенностей насыщения трещинных коллекторов различные отметки получения нефти и воды в продуктовом комплексе ошибочно принимаются за блоковое строение поднятий и наличие автономных продуктивных с соответствующими

отметками водонефтяных контактов (ВНК). В то время как залежь ограничивается поверхностью раздела чашеобразной формы.

Объяснения представлялись логичными и бесспорными. Положение нарушений считалось доказательным. В практике проведения геологоразведочных работ такие примеры многочисленны. Долгое время это не удавалось доказательно опровергнуть. Пока не была разработана теория и практика пространственного размещения залежей в трещинных коллекторах на примере месторождений Центрального и Восточного Предкавказья.

По мере разработки большинства залежей возникала необходимость неоднократно пересчитывать запасы нефти и растворенного газа. Уточнение запасов во времени закономерно и иллюстрирует процесс познания качественных и количественных характеристик месторождений. Данные по каждой скважине уточняют строение поднятия, формы ловушек и пространственное размещение углеводородов.

Проблемы возникают, когда подсчитанные запасы извлечены, а добыча нефти продолжается. И в том случае, когда добыча не вмещается в полезный объем структурной ловушки (по замкнутой изолинии). Когда подсчитанные параметры увеличены до максимальных значений. Когда коэффициент извлечения нефти (КИН) приближается к единице. В то время как по данным разработки тысяч залежей этот параметр, по аналогии с гранулярными коллекторами принимался равным 0,4. По некоторым месторождениям фиксировалась «отрицательная» добыча.

Представилось возможным проанализировать варианты подсчета запасов конкретных залежей, приуроченных к трещинным коллекторам плотных карбонатных толщ верхнемеловых отложений. На рисунке 25 приведены наиболее характерные истории изменения запасов девяти месторождений по мере их изучения. Величины запасов привязаны к условной шкале. Количество переоценок колеблется в пределах трех-десяти раз и обычно обусловлено размерами залежи. Но практически во всех залежах запасы нефти трещинных резервуаров многократно увеличивались. Так, в залежи под номером 1, например, запасы нефти увеличивались в семнадцать раз по сравнению с первоначальной оценкой. Аналогичны пересчеты

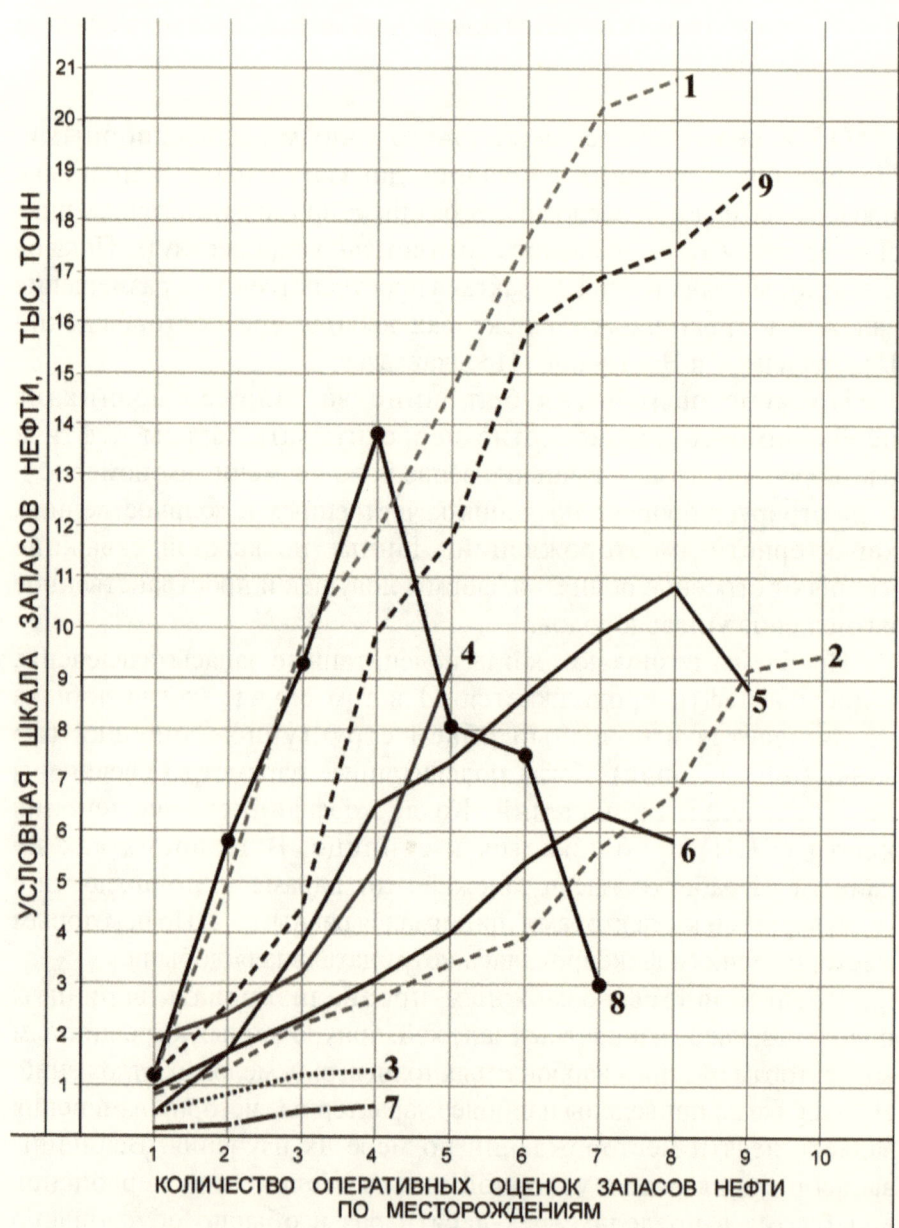

Рис.25 Количество оперативных подсчетов запасов
нефти различных месторождений

по месторождениям 9 и 2. По ряду месторождений под номерами 5 и 6 наметилась тенденция корректировки максимальных значений в сторону увеличения запасов. А по месторождению номер 8 – практическое их списание. Основной причиной столь разительных оценок запасов нефти является построение модели залежи по аналогии с пространственным размещением углеводородов в гранулярных коллекторах, полезный объем которых определяется замком структурной ловушки.

Таким образом, в трещинных резервуарах полезный объем залежи не ограничивается размером структурной ловушки. Продуктивный объем коллектора отражает особенности трещинного резервуара – затухание открытого пустотного пространства по площади и с глубиной. Вследствие этого, запасы углеводородов и добыча их, могут значительно превышать объем структурного поднятия. Последнее доказано характерными примерами залежей, длительная разработка и суммарные отборы нефти которых свидетельствуют о возможности и наличии таких превышений. Обоснованные по ряду месторождений нижние границы залежей в форме «чаши» объясняют эти превышения нефтенасыщенных объемов по сравнению с полезными объемами поднятий (ловушек).

2.6.7. ТЕОРЕТИЧЕСКАЯ МОДЕЛЬ НЕФТЕВОДОНАСЫЩЕНИЯ ТРЕЩИННЫХ КОЛЛЕКТОРОВ

Комплексный анализ и обобщение геолого-промысловых материалов месторождении крупного нефтегазоносного региона юга России позволил установить следующие основные признаки, которые характеризуют особенности пространственного размещения трещинных коллекторов и приуроченных к ним залежей нефти и газа.

— История геологического развития локальных поднятий свидетельствует о приоритетной роли тектонической деятельности при формировании трещиноватости плотных (карбонатных) пород.

— Интерпретация комплекса промыслово-геофизических исследований в сочетании с результатами опробования и эксплуатации скважин однозначно доказали зональное распределение трещиноватости пород по площади и разрезу с сокращением открытых, эффективных пустот к периферийным участкам антиклинальных поднятий.

– Нефтеводонасыщение трещинных резервуаров существенно зависит от раскрытости трещин, контролируется «замками насыщения» флюидов, определяя возможность формирования различных типов залежей, в том числе в литологически однородной толще, с насыщением нефтью и водой по всему продуктивному разрезу.

– При перестройке структурных планов во времени палеозалежи углеводородов трещинных коллекторов могут не соответствовать сводам современных антиклинальных поднятий. Нередко они располагаются на периклинальных окончаниях или вблизи поднятий. Полезные объемы залежей углеводородов сохраняются, если в процессе тектонических преобразований территории не рассечены нарушениями.

– В соответствие с проведенными исследованиями и обобщением полученных результатов на рисунке 26 представлена сводная теоретическая модель трещинного резервуара тектонического происхождения и варианты его нефтеводонасыщения. Графическая модель учитывает особенности формирования трещиноватости пород с наличием трещин крупной раскрытости в сводах поднятий и уменьшением сечений трещин к крыльевым погружениям и периклинальным окончаниям поднятий. Теоретическая модель предусматривает три зоны распределения и сочетания систем трещин различной раскрытости. Первая приходится на своды и присводовые участки положительной структуры и представлена, в основном, крупными трещинами. Вторая располагается в интервале глубин, в пределах которого присутствуют трещины крупной и средней раскрытости. Причем доля крупных пустот сокращается и полностью замещается трещинами средней раскрытости. Третья зона также характеризуется системой двух трещин—средних и мелких. Последние, к подошве резервуара, ограничиваются пустотами в основании трещин, заполненными частицами разрушенной породы и связанной водой. Практически сливаются с матричной непроницаемой породой, микропоры и микротрещины которой также заполнены связанной водой. В матричной породе образуется своеобразная литологическое «ложе» трещинного резервуара и залежи углеводородов.

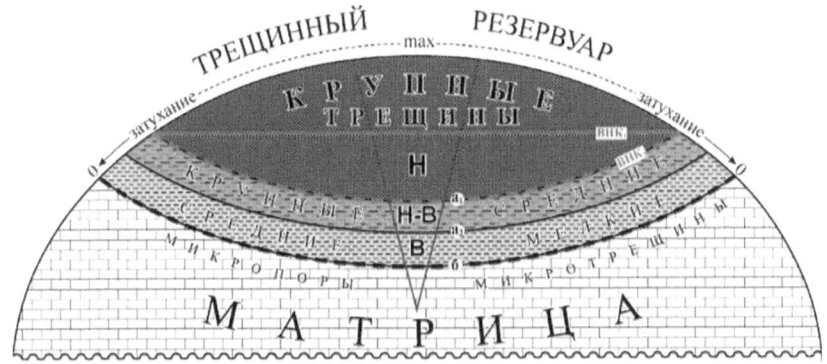

Рис.26 Теоретическая модель нефтеводонасыщения трещинных резервуаров (по Борисенко З.Г., 1982-2008)

— Выделение трех зон в объеме резервуара по степени раскрытости трещин полностью согласуется с особенностями нефтеводонасыщения коллекторов. В крупных трещинах формируются нефтяные залежи с четким разделением флюидов и горизонтальным положением плоскости контакта нефти и воды. Вторая зона, с крупными и средними по раскрытости трещинами, характеризуется нефтеводонасыщением коллектора, которое принципиально отличается от привычного распределения нефти и воды в гранулярных породах Здесь нефть и вода находятся в взаимно взвешенном состоянии едином пространстве, в взаимно взвешенном состоянии. В трещинном резервуаре интервал нефтеводонасыщения представлен двумя автономными системами трещин. Трещин, способных аккумулировать и содержать подвижную нефть, которая вследствие высокой вязкости не насыщает пустоты средней раскрытости. Открытое пространство последних заполнено подвижной водой, которая может автономно присутствовать по всему продуктивному разрезу трещинного резервуара. Третья зона, средних и мелких трещин, содержит только пластовую воду, без признаков нефтесодержания.

Таким образом, характер нефтеводонасыщения трещинных резервуаров зависит от раскрытости трещин, емкостные свойства которых обусловлены интенсивностью тектонических процессов при формировании структурных поднятий. Теоретическая модель трещинного резервуара и залежи на рисунке 43 отражает особенности формирования трещинных резервуаров и варианты их нефтеводонасыщения.

На рисунке 27 дана принципиальная схема размещения залежей нефти и газа в трещинных коллекторах. Она отражает особенности и морфологию пустотного пространства плотных пород, а также характер их нефтенасыщения.

Особенности трещинных коллекторов практически не распространяются на газ. Вследствие физико-химических свойств газ способен заполнять весь полезный объем трещинного резервуара. Верхняя граница залежи газа, как и газовой «шапки», совпадает с кровлей резервуара. Нижняя—соответствует поверхности раздела газовой составляющей и пластовой воды (ГВК) или разделу газонасыщенной и нефтенасыщенной частями продуктивных отложений (ВНК). Поверхности раздела флюидов моделируются, как горизонтальные плоскости.

Не так однозначны разделы флюидов для нефтенасыщенного объема трещинного резервуара. Верхняя граница залежи может соответствовать кровле резервуара, если залежь чисто нефтяная. Или будет представлена усложненным ограничением. Для нефтяной залежи с газовой «шапкой» помимо элементов кровли резервуара нефтенасыщенный объем дополнительно ограничивается поверхностью газонефтяного контакта (ГНК).

Нижняя граница, или раздел нефти и воды (ВНК) может иметь две модели поверхностей—раздела продуктивной и водонасыщенной частей геологического разреза. Одна – для залежи нефти, объем которой полностью размещен в зоне распространения крупной трещиноватости. Как правило, такие зоны характерны для высокоамплитудных структурных поднятий.

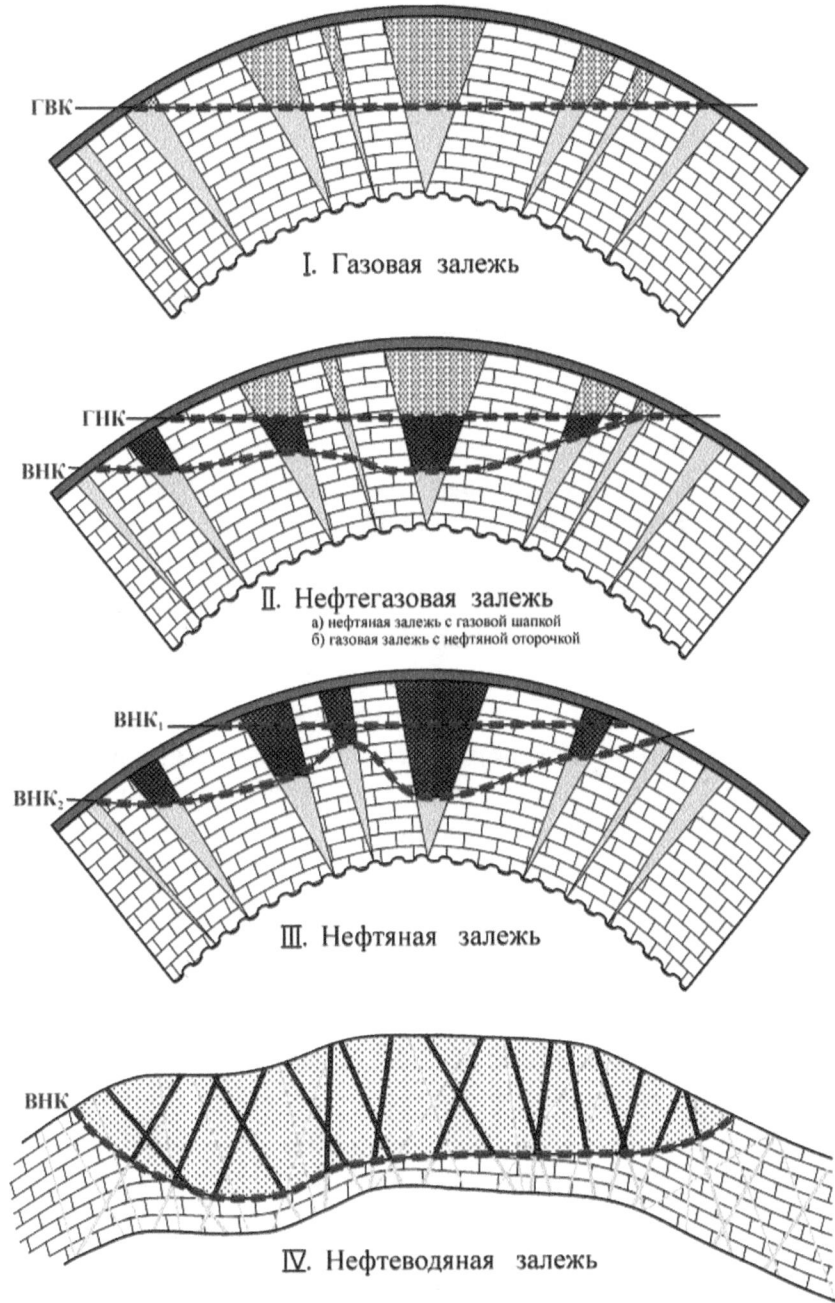

Рис.27 Принципиальная схема размещения залежей
нефти и газа в трещинных коллекторах (по Борисенко
З.Г., 1982-2008г.)

Пустотное пространство здесь представлено системой крупных трещин, в которых четко дифференцируются нефть и вода. Поверхность водонефтяного контакта моделируется как плоскость с четким разделением флюидов согласно их удельных весов. Трещиноватость и в высокоамплитудных структурах уменьшается и затухает с глубиной. Но эти участки расположены на больших глубинах, далеко за пределами зон повышенной трещиноватости. Вследствие этого и «замки насыщения» утрачивают свою роль в формировании пространственного размещения залежи нефти.

Однако нередки залежи, которые размещены в трещинных коллекторах малоамплитудных поднятий. Тектоническая активность здесь формирует системы трещин средней и малой ракрытости, где «замками» насыщения принадлежит существенная роль в пространственном размещении залежей нефти, особенно на границе раздела продуктивной и водонасыщенной частей трещинного резервуара. Водонефтяной контакт (ВНК) не соответствует плоскости, а представляет собой гипсометрически разновысотную поверхность форма которой, определяется положением «замков насыщения» нефти. Чашеобразная форма этой поверхности повторяет форму «ложа» трещинного резервуара с наибольшей глубиной в зоне максимального проявления тектонической деятельности. Понимание особенности размещения трещинных резервуаров и залежей было расшифровано на примерах малоамплитдных поднятий, где глубина и количество разведочных и эксплуатационных скважин позволили установить зональность трещинных коллекторов, затухание трещиноватости по площади и с глубиной. Определены системы трещин и различия их нефтеводонасыщения. Применение этой схемы на примерах нефтяных залежей, также расположенных в трещинных резервуарах, подтвердили единую природу их формирования и в том случае, когда нефть и вода присутствуют по всей продуктивной толще геологического разреза.

В схему включена модель нефтеводяной залежи Ачикулакского месторождения, которое разбурено десятками разведочных и эксплуатационных скважин. Определено пространственное размещение залежи. Впервые построена чашеобразная форма нефтеводяного контакта.

2.6.8. ОСНОВНЫЕ КРИТЕРИИ ПРОГНОЗА СКОПЛЕНИЙ УГЛЕВОДОРОДОВ В ТРЕЩИННЫХ КОЛЛЕКТОРАХ

Существенные отличия генезиса и морфологии пространственного размещения трещинных коллекторов и особенности их флюидонасыщения предполагают определенную корректировку прогноза нефтегазоносности на новых перспективных территориях, а также увеличения добычи нефти и газа в пределах изученных и длительно разрабатываемых регионов.

Принципиально новым следует считать возможность открытия крупных высокопродуктивных месторождений на участках полного или частичного несовпадения палеоструктурных поднятий с современным тектоническим строением территорий. В связи с этим необходимо построение региональных структурных планов по кровлям плотных карбонатных толщ различных стратиграфических комплексов земной коры и кровле фундамента с целью определения региональных и локальных поднятий, пространственное положение которых не совпадает с современным структурным планом—основой заложения разведочных скважин для поиска скоплений углеводородов.

Определяющим признаком трещинных резервуаров является зональное их распространение по площади и с глубиной. На участках территорий проявления активной тектонической деятельности образуются высокоамплитудные поднятия с повышенной трещиноватостью пород в сводах и присводовых участках, где формируются нефтяные залежи классического типа. В зонах спокойных тектонических движений вероятно обнаружение нестандартных нефтеводяных залежей с нефтеводонасыщением пород по всей продуктивной толще.

К поисковым особенностям следует относить прямую зависимость нефтеводонасыщения емкостного пространствах коллекторов от раскрытое™ отдельной трещины и их совокупности с обязательным учетом положения "замков" насыщения нефти и воды. Эти параметры особенно важны для определения нижней границы залежей—ВНК, отличной от плоскости, горизонтальной или наклонной. Поверхность водонефтяного контакта имеет чашеобразную форму, которая обеспечивает наличие полезного о б ъ е м а залежи и соответствующих запасов нефти, значительно превышающих объем структурной ловушки по нижней замыкающей изолинии.

РАЗДЕЛ III

ОСОБЕННОСТИ МОДЕЛИРОВАНИЯ ЗАЛЕЖЕЙ НЕФТИ И ГАЗА ТРЕЩИННЫХ КОЛЛЕКТОРОВ

3.1. ОСОБЕННОСТИ НЕФТЕВОДОНАСЫЩЕНИЯ ГРАНУЛЯРНЫХ И ТРЕЩИННЫХ КОЛЛЕКТОРОВ

В настоящее время существенно расширено понимание особенностей размещения залежей нефти и газа в пустотном пространстве различных по типам коллекторов. Под пустотным следует понимать пространство, образованное зернами и частицами породы, как следствие проявления химических процессов или под воздействием термодинамических условий преобразования осадка. Существенным является тектонический фактор, обусловливающий трещиноватость горной породы, где открытое пустотное пространство формирует системы трещин. Многофакторное влияние геологических процессов усложняет структуру пустотного пространства, роль и соотношение долей которых зависит также от матричной породы. Величины этих долей колеблются в широких пределах, что затрудняет классификацию емкостных признаков,—качественных и количественных показателей пород-коллекторов.

Наиболее характерными представляются пустотные пространства гранулярных и трещинных резервуаров, которые содержат максимальное количество залежей углеводородов и соответствующие им многомиллионные запасы нефти и газа в геологических разрезах осадочного чехла и породах фундамента.

Гранулярный коллектор. Такой тип коллектора образуют, в основном, осадочные сцементированные обломочные и оолитовые породы. Пустотность таких пород, именуемое пористостью, представляет собой различной раскрытости межзерновое пространство. Оно включает микропоры, заполненные связанной водой, изолированные поры и те, которые образуют единую, открытую систему, где свободно перемещаются подвижные флюиды—газ, нефть и пластовая вода.

Многосторонне и с высокой степенью детальности изучены условия формирования, пространственное размещение, модели и геометризация залежей углеводородов в гранулярных коллекторах. Не вызывает дискуссий природа и характер порового пространства. Изучено многообразие скоплений углеводородов и разработаны классификации ловушек и залежей – пластовых, сводовых, массивных и других, приуроченных к зонам тектонических нарушений, стратиграфических несогласий, локального и регионального выклинивания пород-коллекторов.

Различия количественных характеристик коллекторов обусловлено лишь объемом исходной информации и методикой интерпретаций имеющихся геолого-промысловых данных.

Некоторые проблемы нефтегазопромысловой геологии связаны с детальным изучением ловушек и залежей с целью определения запасов углеводородов и способов их максимального извлечения. Существенные, к примеру, погрешности возникают при определении величины полезного объема залежей вследствие неточного обоснования структурной поверхности положения водонефтяного контакта (ВНК), нижней границы залежи. Одной из основных поверхностей реальной и графической модели залежи. Особенно, для варианта резервуара, представленного мелкозернистыми породами. Здесь переход от нефтенасыщенной к водонасыщенной зонам продуктивных отложений значителен по толщине и не может быть смоделирован как горизонтальная или наклонная плоскость раздела подвижных флюидов. Последнее нередко присутствует в практике подсчета запасов, искажает их величину и не учитывается при разработке конкретных залежей. Затруднения остаются при построении поверхности нарушения. Чаще оно принимается расположенным вертикально, что также приводит к погрешностям оценки запасов углеводородов.

Краткий обзор особенностей нефтегазоводонасыщения гранулярных коллекторов приведен для иллюстрации принципиальных различий с пустотным пространством трещинных продуктивных комплексов и насыщения их углеводородами. Освоение значительных глубин разбуривания осадочного чехла и фундамента свидетельствует об увеличении доли высокопродуктивных трещинных резервуаров с многомиллионными запасами нефти и газа. Месторождение Белый Тигр, например. Однако, несмотря на значительное количество исследований таких залежей, природа и характер нефтеводонасыщения трещинных резервуаров остаются неоднозначными.

Трещинный коллектор. Детальный анализ месторождений Центрального и Восточного Предкавказья позволил установить принципиальные сходства и различия гранулярных и трещинных коллекторов и особенностей их нефтеводонасыщения. Основой различий и особенностей поровых и трещинных коллекторов является геометризация и величина пустотного (емкостного) пространства пород. В гранулярных породах пористость образуют различные по форме межзерновые пустоты. В трещиноватых породах эффективная пустотность ограничивается стенками трещины, которая имеет три основных характеристики – раскрытость, высоту и протяженность. Такие различаются величины пустотного пространства. Для гранулярных коллекторов пористость достигает 30%. В трещинных породах – пустотность едва превышает 2-3% и только в редких случаях отмечено значение равное 6-7%. На рисунке 28 рассмотрено четыре состояния пустот и особенности нефтеводонасыщения поровых и трещинных коллекторов.

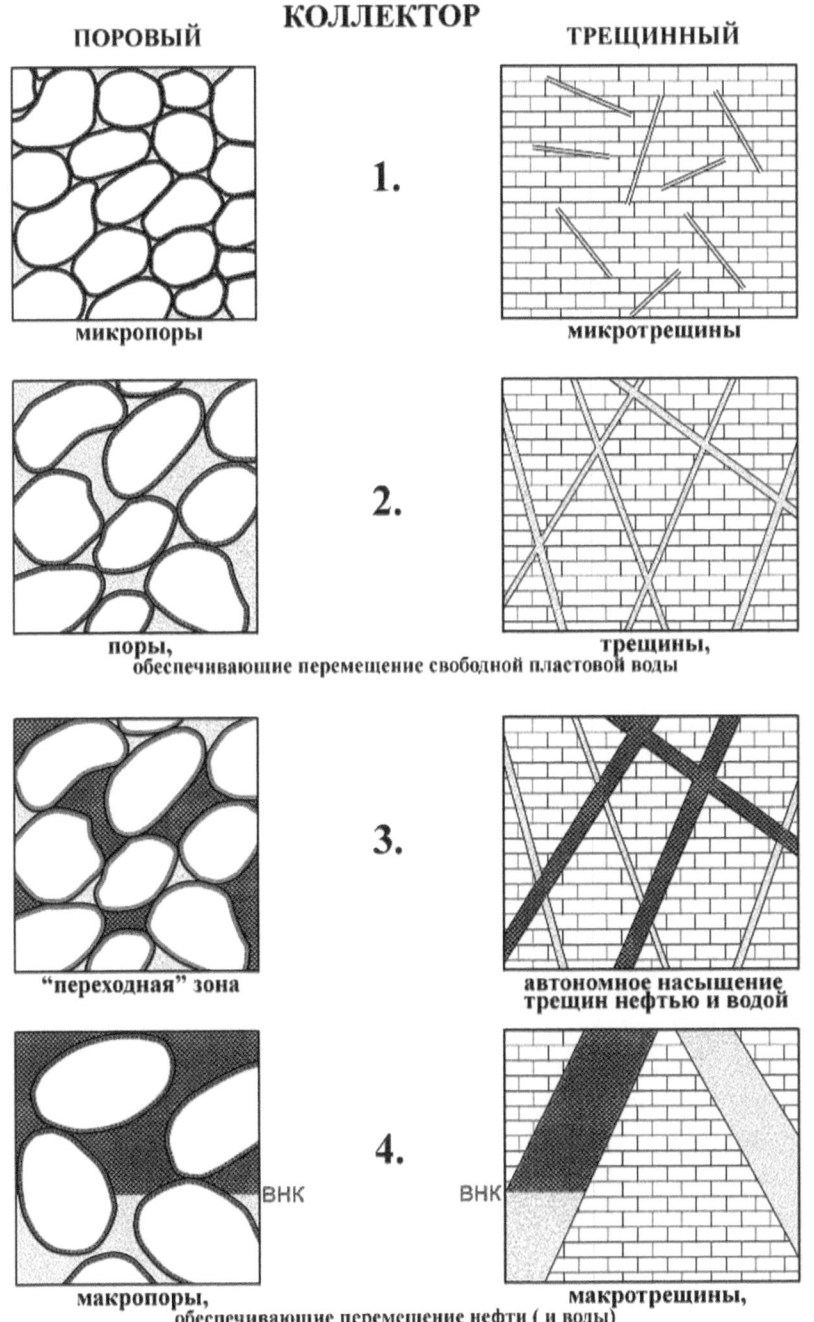

Рис.28 Сходства и различия нефтеводонасыщения
поровых (гранулярных) и трещинных коллекторов

1. Микропустоты – это микропоры гранулярной и микротрещины плотной породы (рис. 28.1). Как упоминалось выше поровое пространство, пористость гранулярных коллекторов представлена системой пустот, образованных песчаными и алевритовыми частицами обломочной герной породы при хаотичной их укладке на дно морского бассейна с последующим уплотнением и преобразованием осадка. Пустоты, как и частицы породы неправильной формы. Малы по объему и заполнены связанной, ювенильной водой, которая обволакивает каждую частицу, заполняя и так незначительные по размеру пустотное пространство. Вследствие этого микропоры и частицы породы образуют непроницаемую матрицу, не способную аккумулировать свободные, подвижные флюиды. Отдельные каверны, содержащие подвижную воду не исключены, но они изолированы и в формировании залежей не участвуют.

Генезис микротрещин достаточно разнообразен – от самоуплотнения осадка до воздействия тектонического фактора при разрушении целостности плотной горной породы. Как и микропоры, микротрещины заполнены связанной водой и практически непроницаемы. Пленочная вода обволакивает стенки трещины, заполняя всё микропустотное пространство.

На участках пересечения микротрещин возможно образование пустот большей раскрытости, способных вмещать, кроме пленочной, некоторое количество свободной воды. Эта вода способна перемещаться по каналам фильтрации, но остается запечатанной в ограниченном пространстве микротрещин за пределами их пересечения.

Сравнение микропустот в породах различного генезиса показывает, что характер насыщения их пластовой водой практически одинаков. И частицы гранулярной породы и стенки трещин покрыты пленочной водой, заполняют свободное пространство, обуславливая непроницаемость пустот для подвижных флюидов.

Различие микропор и микротрещин является их генезис. Формирование микропор происходит одновременно с осадконакоплением гранулярной породы и распределением пустот по всему объему осадочной толщи. Микротрещины плотной породы в значительной мере являются следствием постгенетических преобразований под воздействием термодинамического и других факторов.

2. Практика проведения поисково-разведочных работ в регионах с доказанной промышленной нефтегазоносностью свидетельствует о наличии поднятий, в пределах которых залежи не установлены. О наличии коллекторов свидетельствуют значительные притоки пластовых вод из присводовых участков структурных поднятий. В равной мере это относится ко всем типам коллекторов.

Количественные критерии размеров пустот гранулярных и трещинных коллекторов, способных содержать свободную пластовую воду, различаются. Но достаточно близки и определяются физико-химическими свойствами подвижного флюида. На рисунке 28.2 показана принципиальная схема насыщения порового и трещинного пространства свободной водой. Пластовая вода здесь присутствует в двух состояниях – в качестве связанной (неподвижной) и свободной.

При равных термодинамических условиях продуктивных толщ и свойствах пластовой воды сечение поровых каналов и раскрытость трещин будут одинаковыми для перемещения флюида. При сходстве величин раскрытости и водонасыщения пустот осадочной породы различия поровых и трещинных коллекторов обусловлены характером миграции флюида в объеме резервуара. Для гранулярных пород перемещение свободной воды возможно в любом направлении единого пустотного пространства. В сторону участков искусственного (разработка залежей) или регионального понижения пластового давления.

И для трещинных систем перемещение пластовой воды направленно в сторону меньших давлений. Но это перемещение осуществляется строго по каналам миграции конкретной трещины и может быть изменено только при их пересечении. При снижении пластовых давлений в процессе разработки залежей движение фронта свободной воды направлено к кровлям резервуаров, к участкам повышенной трещиноватости пород, образованных под воздействием тектонического фактора – его максимального проявления в сводах и присводовых участках поднятий.

3. И в поровых и в трещинных коллекторах имеют место интервалы глубин, в пределах которых одновременно присутствуют нефть и пластовая вода. Наличие таких «переходных» зон в продуктивных отложениях установлено по многочисленным результатам качественно пробуренных и опробованных скважин.

На рисунке 28.3 отражено такое насыщение гранулярных и трещинных коллекторов. Крупные поры и крупные трещины насыщены нефтью тем более водой, пустоты меньшего размера – только водой. На этом сходство нефтегазонасыщения различных типов пород заканчивается.

В поровых коллекторах различные по физико-химическим свойствам флюиды присутствуют в едином пустотном пространстве и в строгом количественном соотношении изменяются с глубиной. От нуля до 100% для свободной воды и от 100% до 0 – для нефти.

Нефтеводонасыщение трещиноватой продуктивной толщи обусловлено наличием трещин различной раскрытости. Вся совокупность трещинных каналов четко распределяется по двум системам—трещин, способных содержать подвижную воду и вязкую нефть. В отличие от гранулярных пород. Эти системы автономны. Они не отвечают понятию «переходной» зоны от нефте—к водонасыщенной части резервуара. Пластовая вода присутствует по всей продуктивной толще. Нефть – в крупных трещинах и в сводах современных или палеоподнятий с разделением флюидов согласно удельных весов.

4. Для целей поиска и разведки залежей нефти наибольший практический интерес представляют коллекторы с четким распределением флюидов согласно удельных весов: нефть выше, вода подстилает залежь снизу. Такое разделение обеспечивают размеры макропор и раскрытость макротрещин (рис. 28.4).

В гранулярном коллекторе, представленном крупнозернистыми частицами, поверхность раздела нефти и воды (ВНК) с некоторой долей условности моделируется, как плоскость горизонтальная или наклонная.

В совокупности крупных трещин из-за различного положения их в объеме продуктивной толщи контакты нефти и воды занимают различное гипсометрическое положение. Интервал гипсометрического колебания отметок ВНК принципиально отличается от «переходной» зоны поровых коллекторов, где наблюдается постепенный переход от нефтенасыщенной к водонасыщенной зонам резервуаров, содержащих залежи нефти.

Наконец, одно из различий гранулярных и трещинных коллекторов построено на уровне теоретического предположения и связано с важнейшим параметром разработки залежей—коэффициентом извлечения нефти (КИН) и, безусловно, требует подтверждения объемом статистических наблюдений и соответствующих исследований. Известные методики и величины расчета этого параметра существенно зависят от многих факторов. Основные, связаны с особенностями коллекторских свойств продуктивных отложений, физико-химическими свойствами углеводородов. Не исключено влияние выбора технологической схемы разработки залежей.

Мировая практика современных технологий разработки залежей углеводородов, приуроченных к гранулярным коллекторам, свидетельствует о том, что максимальный коэффициент извлечения нефти едва составляет 30-40% от геологических запасов полезного ископаемого, сосредоточенного в недрах.

Существенно значимым для трещинных коллекторов является фактор вертикальной и латеральной неоднородности. Все это влияет на характер миграционных процессов при разработке залежей. В частности, продвижения водонефтяного контакта в открытом пустотном пространстве трещинного резервуара, ограниченного «замками» насыщения нефти снизу, и кровлей резервуара сверху, а также гидрофобность нефти, отсутствие сцепления со стенками трещин, покрытых пленочной водой.

Особенностью разработки залежей, трещинных коллекторов, следует считать более активное и равномерное продвижение поверхности водонефтяного контакта в направлении максимальной трещиноватости сводов и присводовых участков структурных поднятий. Основные каналы миграции углеводородов обусловлены преимущественно вертикальной трещиноватостью пород тектонического генезиса. Миграция подвижных флюидов по горизонтальным трещинам минимальна, как и доля их в общем объеме открытой пустотности карбонатных пород. Согласно этому, образование «языков обводнения» в трещинном коллекторе практически исключено. Что является благоприятным фактором эффективной разработки залежей.

Геометрия пустотного пространства карбонатных пород обусловлена раскрытостью трещин и положением «замка нефтенасыщения», в пределах которых свободно перемещаются подвижные флюиды—нефть, газ и пластовая вода. В процессе разработки залежей активные высокотемпературные воды многократно промывают обводненные объемы трещинных резервуаров. Это позволяет предположить, что коэффициент извлечения нефти должен быть значительно выше и приближаться к единице по сравнению с коэффициентами нефтеотдачи залежей гранулярных коллекторов. Тем более, что каналы миграции значительно расширяются к сводам поднятий—зонам максимального растяжения пород и раскрытости трещин. Положительным фактором в этом отношении служит закачка воды в трещинный резервуар, при котором восстанавливается пластовое давление в залежи, промывается трещинный коллектор, улучшаются эксплуатационные показатели работы скважин и повышается эффективность разработки месторождения в целом.

3.2. МОДИФИКАЦИЯ ЛОВУШЕК И ЗАЛЕЖЕЙ ПРИ ПЕРЕСТРОЙКЕ СТРУКТУРНЫХ ПЛАНОВ ГРАНУЛЯРНЫХ И ТРЕЩИННЫХ КОЛЛЕКТОРОВ

В любом регионе земной коры наряду с другими факторами тектоническая деятельность влияет на многие геологические процессы. Это процессы осадконакопления пород, формирование строения платформенных и геосинклинальных областей, образование локальных структур, их нефтегазонасыщение, проявление разрывных нарушений. Эти процессы непрерывны. Изменяется только их интенсивность и региональная приуроченность к тому или иному геологическому периоду или территории. В различном сочетании эти процессы играют существенную созидательную роль при формировании резервуаров и залежей углеводородов, при разработке критериев нефтегазоносности с целью поиска нефти и газа на новых перспективных площадях. Не исключены новые открытия в пределах ранее разбуренных месторождений с учетом расширения стратиграфического диапазона нефтегазоносности территории в целом.

Тектонические проявления нередко обуславливают обратные процессы – изменение пространственного положения и объемов ловушек с залежами углеводородов. Это приводит к частичному или полному расформированию залежей нефти и газа. Прогноз разрушения или сохранения залежей и соответствующих запасов выходит за пределы научных изысканий и связан с решением практических задач увеличения добычи и ресурсной базы углеводородов любой территории.

На рисунке 29 показана возможность таких преобразований при изменении региональных углов наклона продуктивных толщ. Рассмотрены два принципиальных, наиболее характерных варианта залежей, расположенных в гранулярных и трещинных коллекторах, пустотное пространство которых обусловливает различие типов залежей и особенности преобразования их под воздействием тектонического фактора.

I- Поровый (гранулярный) коллектор

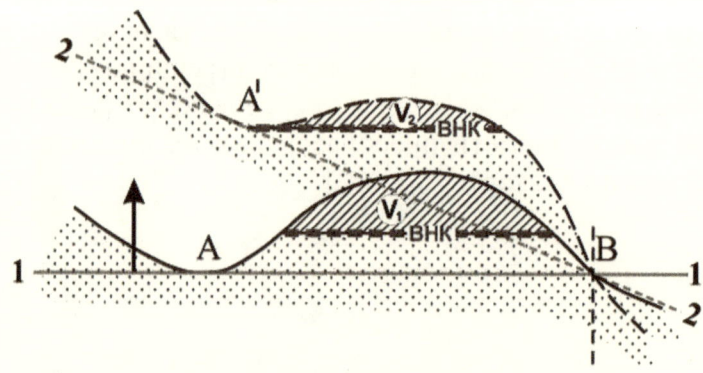

II- Трещинный коллектор

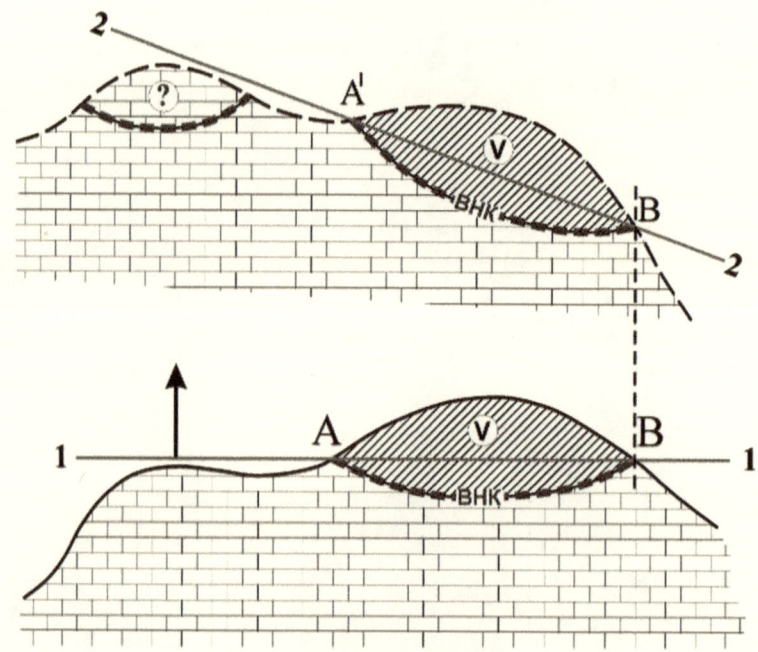

Условные обозначения:

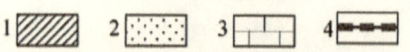

1- залежь (**V**- объем залежи); 2- гранулярный коллектор;
3- трещинный коллектор; 4- водонефтяной контакт.

Рис.29 Модификации ловушек и залежей при
перестройке структурных планов поровых и трщинных
коллекторов

Гранулярные (поровые) коллекторы—I. На рисунке приведена упрощенная схема порового резервуара и залежи нефти. Графическая модель залежи сверху контролируется кровлей гранулярного резервуара и поверхностью водонефтяного контакта (ВНК) снизу. В этом пространстве флюиды распределяются строго, согласно удельных весов—выше контакта присутствует нефть, ниже—пластовая вода.

В реальных продуктивных отложениях, на границе залежи практически всегда имеет место так называемая переходная зона, где нефть и вода присутствуют одновременно во взаимно взвешенном состоянии с закономерным возрастанием процентного содержания нефти к нефтенасыщенной зоне, а воды—к законтурной, водонасыщенной. Толщина переходной зоны зависит от вязкости нефти и литологических особенностей продуктивных пород. В частности, от размера частиц породы и, соответственно, порового пространства, которое эти частицы образуют. В крупнозернистых породах толщина переходных зон незначительна и не учитывается при геологических построениях. Раздел нефти и воды (ВНК) таких коллекторов моделируется, как плоскость, горизонтальная или наклонная. Для мелкозернистых песчаников толщина этой зоны может исчисляться многими метрами. Форма «разделительной» поверхности усложняется. Этот фактор далеко не всегда учитывается при построении и подсчете запасов, что влияет на эффективность разработки залежей и снижает коэффициент извлечения нефти.

В процессе изучения месторождений возникают новые и не менее существенные проблемы. Одна из них связана с получением качественных притоков пластовой воды в сводах современных поднятий, и главное, наличие автономных залежей нефти на их погружениях. Присутствие нарушения целостности продуктивного комплекса в пределах таких поднятий не установлено.

В результате исследования значительного числа залежей представилось возможным дать достаточно убедительное объяснение такому явлению, когда в пределах современной структуры распределение нефти и воды не согласуется с общепринятыми представлениями.

На рисунке показаны два положения резервуара и залежи, которые наглядно отражают изменение формы и размера ловушки и залежи при изменении регионального наклона пластов продуктивной толщи—положение I и II. Форма изгиба слоев для обоих вариантов построений сохранилась неизменной. Изменился региональный наклон толщи относительно первоначального горизонтального положения и, как следствие, существенно изменился полезный объем ловушки и залежи.

В первом варианте залежь занимала большую часть полезного объема, V_1. Во втором—полезный объем ловушки V_2 значительно сократился и контролируется положением кровли вновь образованной положительной структуры (точка А1). Эта точка соответствует наиболее низкой гипсометрической отметке замыкающей изолинии вновь образованной структуры. Полезный объем ловушки и залежи (V_2) резко сократился. И может быть равен нулю при еще большем увеличении угла наклона слоев относительно первоначального, горизонтального положения структурного поднятия. «Излишки» нефти перемещаются на соседние участки геологического разреза и территории развития коллекторов, способных аккумулировать углеводороды, но уже в пределах новых ловушек для формирования залежей.

Трещинные резервуары – II . По значительному числу исследованных месторождений, приуроченных к трещинным резервуарам, установлено, что трещиноватость пород имеет практически повсеместное распространение. Однако для формирования скоплений нефти необходима система трещин определенной раскрытости, обеспечивающей свободное перемещение флюидов в пространстве резервуара. Такие участки, как правило, имеют зональное распространение. Последнее обусловлено степенью тектонической активности территории, которая также характеризуется зональным проявлением. Вследствие этого, образуются замкнутые трещинные резервуары, способные аккумулировать углеводороды с образованием автономных залежей нефти и газа. Пространственное положение таких залежей контролируется ореолом затухания трещиноватости пород по обрамлениям резервуаров и полной заменой непроницаемыми породами матрицы. Последние характеризуются пустотным пространством, представленным микропорами и микротрещинами, насыщенными связанной водой, что исключает наличие проницаемости не только для нефти, но и для свободной пластовой воды.

Приведенные краткие пояснения к особенностям пространственного размещения залежей нефти трещинных коллекторов позволяют утверждать, что при тектонических перестройках структурных планов часть замкнутых трещинных резервуаров и залежей не расформировываются, если не попали в зону более активной тектонической деятельности и не расчленены разрывными нарушениями. Их объемы, (V_1 и V_2), остаются практически неизменными. В отличие от пространственного положения ловушки и залежи. Достаточно сравнить положение точек А и А1 на рисунке варианта II. И в том случае, если они окажутся на погруженных участках вновь образованного современного поднятия или за его пределами. Запасы углеводородов остаются запечатанными независимо от положения относительно современного структурного плана.

Безусловно, при наличии разрывных нарушений трещинных резервуаров залежи могут частично или полностью расформироваться. В случае, когда тектоническая активность территории незначительна, возникают малоамплитудные структурные поднятия с образованием трещин малой и средней раскрытости. Доля крупных трещин в полезном объеме таких резервуаров также мала. При этом формируются ограниченные по запасам нефтяные или нетрадиционные залежи – с двумя автономными системами нефтеводонасыщения трещин. Чаще раскрытость трещин доступна только для свободной пластовой воды.

В связи с этим не исключены варианты получения притоков пластовой воды с высоких гипсометрических отметок. В том числе и в пределах куполов современных поднятий при наличии нефтенасыщенности пород на погруженных участках структуры. К настоящему времени накоплен большой фактический материал, подтверждающий реальность таких теоретических разработок 5,9.

Палеотектонический анализ развития современных структур и прилегающих участков позволяет объяснить столь неординарное распределение нефтеводонасыщения трещинных резервуаров. Такие месторождения многочисленны в пределах Центрального и Восточного Предкавказья. Теория и практика геометризации нефтеводяных залежей подтверждена длительной разработкой месторождений, апробирована при подсчете запасов углеводородов с утверждением их в ГКЗ СССР и РФ.

Таким образом, при определенных тектонических перестройках, объемы локальных трещинных резервуаров и приуроченных к ним залежей могут оставаться неизменными и в том случае, если современный структурный план существенно преобразуется и не согласуется с распределением залежей нефти. Во вновь образованных поднятиях возможно наличие новой системы трещин, размеры и раскрытость которых зависит от интенсивности нового проявления тектонического фактора. Вследствие этого вероятно получение притоков пластовой воды в сводах вновь образованных поднятий. На более высоких гипсометрических отметках по сравнению с нефтенасыщенной зоной замкнутого резервуара, приуроченного к палеосводу перестроенного поднятия.

Вероятны расширения зон трещиноватости пород и увеличение объема первоначального трещинного резервуара на новом этапе геологического развития территории. Если тектонические подвижки были благоприятны для такого расширения зоны трещиноватости пород.

Тогда возможно переформирование залежи и в увеличенном едином пространстве трещинного резервуара.

3.3. ПОВЕРХНОСТИ И ОБЪЕМЫ ЗАЛЕЖЕЙ В ЗОНАХ ТЕКТОНИЧЕСКИХ НАРУШЕНИЙ

Методики построения любых геологических поверхностей—ярусов и горизонтов, стратиграфических несогласий, тектонических нарушений, поверхностей, ограничивающих резервуары и залежи углеводородов, представляются важными при локальных и региональных прогнозах нефтегазоносности и поисках перспективных ловушек и залежей. Особенно такие методики важны при оценке запасов углеводородов в пределах конкретных месторождений.

В нефтегазопромысловой геологии для поровых коллекторов такие методики в определенной мере разработаны. Структурные карты строятся по точкам вскрытия резервуаров в поисковых, разведочных и эксплуатационных скважинах. Поверхности контакта нефти и воды моделируются по результатам опробования скважин и комплексу промыслово-геофизических исследований. Карты изопахит, полезных объемов резервуаров и залежей, учитывают литологические особенности и неоднородность продуктивных отложений—слияние, расслаивание или выклинивание коллекторов продуктивной толщи.

Для трещинных пород общепринятые методики не всегда пригодны, учитывая особенности формирования трещинных резервуаров и распределение нефтеводоносности в их пределах. Нередко возникают существенные различия в представлениях о графической модели резервуара и залежи. Что является принципиальным при подсчете запасов и разработке залежей. Здесь прослеживается ряд причин. Одна обусловлена редкой сетью скважин. Другая—неоднозначной интерпретацией поверхностей резервуара по данным сейсмических работ. Третья—связана с весьма приближенным представлением о пространственном положении поверхности нарушения. Особенно при значительных толщинах продуктивных отложений. Вследствие этого поверхности нарушения обычно моделируется как вертикальные плоскости. В зависимости от пространственного положения относительно ловушки, поверхность нарушения разделяет единый резервуар и соответствующую залежь на тектонические блоки с автономными залежами. Более сложные резервуары образуются при частичном смещении проницаемых блоков вдоль нарушения. Пространственное размещение единой залежи усложняется. В этом случае поверхность нарушения дополнительно входит в число ограничений полезного объема нефтяной или газовой залежи. Точность построения поверхности нарушения, как и структурной, а также водонефтяного контакта существенно влияет на точность подсчета запасов углеводородов и в последующем, на эффективность их извлечения.

Для более надежного построения поверхности тектонического нарушения: необходимо установить пространственное положение хотя-бы в двух пересечениях. Это позволит определить вертикальное или наклонное положение этой поверхности в геологическом пространстве.

Способы геометризации залежей нефти и газа в зонах тектонических нарушение существенно зависят от проводящей и изолирующей роли последних.

Когда тектоническое нарушение выполняет роль непроницаемого экрана, изолирующего различные блоки антиклинального поднятия, возникает совокупность автономных залежей, различающихся по морфологическим признакам. В зависимости от пространственного положения поверхности нарушения изолированными могут быть сводовые и присводовые зоны. Крыльевые участки и периклинальные окончания поднятий. При высокой интенсивности тектонических процессов возникают надвиговые, поднадвиговые, клиновидные структуры, разбитые на более мелкие структурные элементы.

Когда смещения незначительны и проницаемые участки нарушенных блоков соприкасаются, пространственное размещение исходной залежи усложняется. Изменение наклона одного из блоков может привести к частичному перераспределению флюидов. Не исключается суммарное уменьшение объема вновь образованной ловушки, при котором часть углеводородов мигрирует в благоприятные структурные условия для скопления новой залежи.

Существенными при графических построениях, являются толщины продуктивных отложений, наличие однородного коллектора или представленного комплексом проницаемых пропластков. В этих случаях осложняется методика построения поверхностей, ограничивающих залежь и соответствующих карт изопахит – полезных объемов. При незначительных толщинах продуктивных резервуаров построение условной вертикальной поверхности нарушения допустимо, так как будет лежать в пределах точности построения объема залежи в целом.

Для простоты понимания и наглядной иллюстрации особенностей построения различных резервуаров и залежей в зонах тектонических нарушений принята единая исходная графическая модель условного антиклинального поднятия. Она приведена ниже на рисунке 30. В пределах размещена массивная сводовая залежь с отметкой водонефтяного контакта на глубине—25 м. Эффективная нефтенасыщенная толща в своде залежи 15 м. Карта полезного объема построена с сечением изопахит через 4 м. Нулевая изопахита совпадает с контуром нефтегазоносности и замыкающей изолинией структурной ловушки.

Поднятие рассечено тектоническим нарушением на два блока «А» и «Б». Один из двух, блок «А» не меняет своего пространственного положения. Остается стабильным. Что не исключает перераспределения полезного объема залежи и в этом блоке.

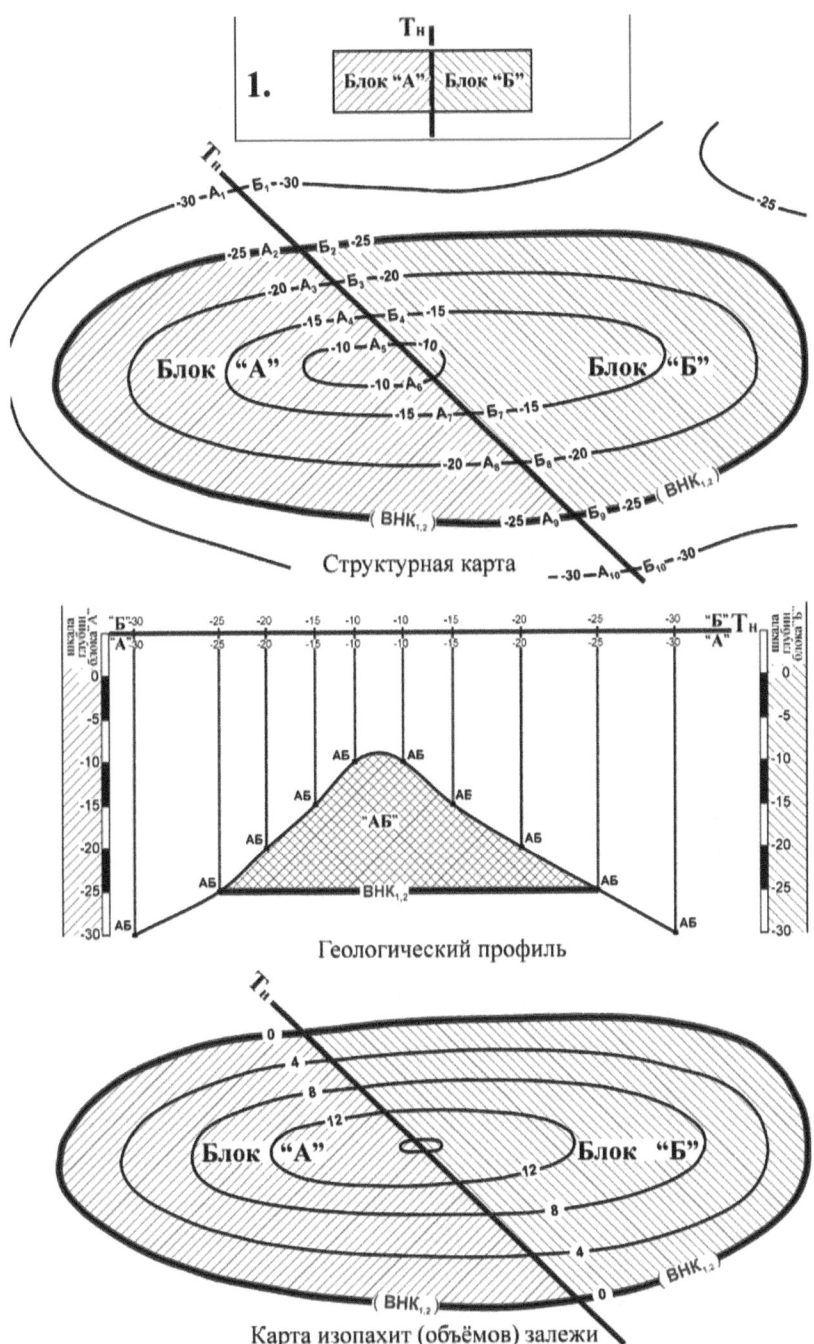

Структурная карта

Геологический профиль

Карта изопахит (объёмов) залежи

Рис.30 Построение резервуара и залежи в зоне
тектонического нарушения без смещения блоков "А" и "Б"

Блок «Б» перемещается в любых направлениях вдоль плоскости нарушения с образованием различных по сложности резервуаров и залежей условного поднятия. Из многочисленных перемещений блока «Б» в пространстве выбраны наиболее характерные варианты—перемещение по горизонтали, по вертикали и по диагонали. Использованы также их сочетания. Базовый вариант отражает графическую модель, когда разрывное нарушение имеет место, но блоки не изменили своего пространственного соотношения.

Такой методический прием позволяет иллюстрировать многообразие вариантов залежей, возникающих в зонах тектонических нарушений. Когда изменение пространственного положения блоков приводит к усложнению резервуара и перераспределению запасов углеводородов до полного расформирования залежи.

Построение моделей резервуаров и залежей в зонах тектонических нарушений в виде структурных карт, карт полезных объемов залежей (карт изопахит) и геологических профилей представлено в четырех вариантах:

- Базовый—без смещения блоков «А» и «Б»;
- При смещении блока «Б» по горизонтали относительно блока «А»;
- При смещении блока «Б» по вертикали относительно блока «А»;
- При смещении южного крыла блока «Б» вниз относительно блока «А», оставляя северное сочленение блоков практически неизменным.

На рисунке 30 показан первый, базовый вариант соотношения структурных поверхностей и полезных объемов залежи, рассеченной нарушением без смещения тектонических блоков. В случае, когда тектонические нарушения являются экраном, образуются две автономные залежи с одинаковой отметкой водонефтяного контакта (-25 м). Полезный объем залежи блоков «А» и «Б», кроме структурной по кровле и поверхности контакта, ограничивается поверхностью нарушения. На геологическом профиле сечения резервуара и автономных залежей полностью совпадают (точки АБ), о чем свидетельствуют колонки глубин обоих блоков. Суммарные запасы углеводородов блоков «А» и «Б» равны первоначальным запасам единой залежи до возникновения тектонического нарушения.

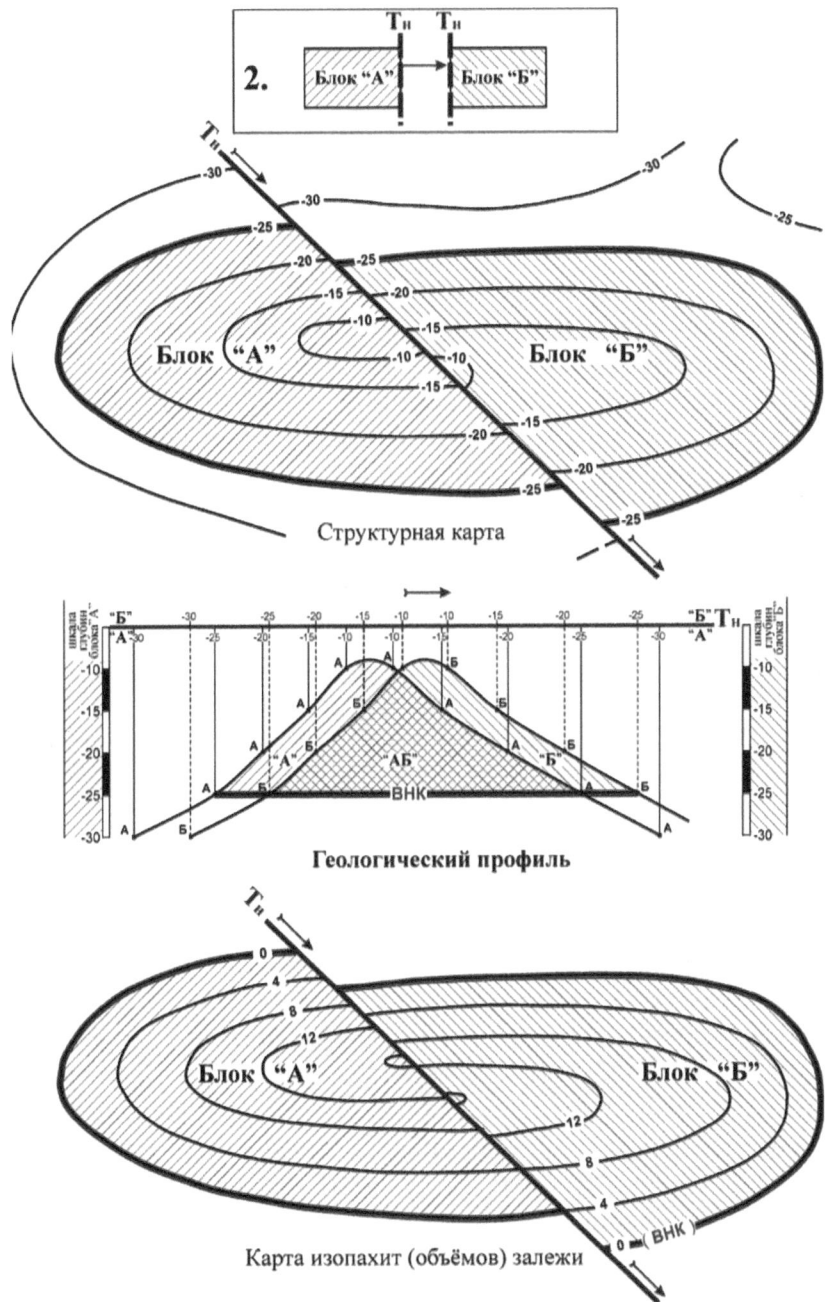

Рис.31 Построение резервуара и залежи в зоне
тектонического нарушения со смещением по
горизонтали блока "Б" относительно блока "А"

Второй вариант предусматривает возможность перемещения одного из блоков относительно другого на некоторое расстояние по горизонтали (рис. 31). Вдоль поверхности нарушения все соответствующие изолинии и контур нефтеносности, на структурной карте, будут смещены на равные расстояния. Сечение блоковых залежей будут смещены с образованием автономных сечений – «а» и «б». Величина этих сечений будет зависеть от амплитуды перемещения блоков по горизонтали. На рисунке 31 иллюстрируется построение резервуара и залежи в зоне тектонического нарушения со смещением по горизонтали блока «Б» относительно блока «А». По сравнению с базовым вариантом структурная карта по кровле резервуара существенно изменяет свои очертания. Соответствующие изолинии соседних блоков не совпадают в плане на величину смещения блока «Б».

Форма структурной поверхности – положение свода, замыкающей изолинии и отметки водонефтяного контакта не изменились, как и суммарные запасы залежей двух блоков. Геологический профиль свидетельствует о вариантах залежей при смещении одного из блоков по горизонтали. В случае экранирующего характера нарушения – это разновеликие по сечению автономные блоки и залежи, суммарные запасы по которым равны запасам единой залежи до момента ее разрушения.

Более реальным представляется вариант, когда в зоне тектонического нарушения продуктивная порода не утрачивает коллекторские свойства, объединяя оба блока в общий резервуар для сохранения углеводородов. На геологическом профиле показано как усложнился характер контакта блоковых сечений. Из участка соприкосновения коллекторов в зоне нарушения выпадают равные по величине сегменты блоков «А» и «Б», в пределах которых коллекторы ограничены непроницаемыми породами трещинных (и поровых) резервуаров. Величины фрагментов зависят от амплитуды смещения блока «Б» относительно блока «А». Максимальная величина этого смещения контролируется величиной структурного поднятия.

Важнейшим во втором варианте соотношения блоков «А» и «Б» является участок соприкосновения коллекторов. Участок «АБ». В геологической практике такие участки названы «проницаемыми окнами». Посредством таких участков осуществляется контакт и миграция флюидов различных стратиграфических подразделений.

Когда различные типы коллекторов образуют сложные резервуары для скопления залежей углеводородов.

Для рассматриваемого варианта проницаемый участок «АБ» обусловливает объединение блоков и продуктивных полей в единую залежь. Как и в первом варианте графических моделей, шкала глубин блоков «А» и «Б» совпадает.

При построение карты эффективных нефтегазонасыщенных толщин необходимо учитывать следующий методический прием. Величины полезных объемов блоков не изменились. Изменилось их пространственное соотношение. В графической модели полезного объема залежи, однозначные изопахиты смещены вдоль поверхности нарушения. Любая попытка сглаживания соответствующих изолиний обусловит погрешности в определении величины запасов единой залежи и последующей их разработки.

На рисунке 32 рассмотрен вариант построения резервуара и залежи в зоне тектонического нарушения со смещением блока «Б» вверх по вертикали относительно блока «А». Для упрощения вариантных построений перемещения условного блока приняты величины, кратные шкале глубин. Согласно этому блок «Б» перемещен на 10 м вверх по вертикали. Все изолинии структурной карты переоцифрованы с учетом этого гипсометрического перемещения блока в пространстве. Определяющим фактором нового структурного положения блока «Б» явилось то, что замыкающая изолиния соответствует абсолютной отметке – 15 м. В отличие от положения замкнутой изолинии стабильного блока «А» на глубине минус 25 м. При наличии изолированных блоков автономное их нефтегазонасыщение с различным пространственным положением залежей может иметь место, но не для исследуемого варианта.

На геологическом профиле четко обозначено пространственное соотношение блоков «А» и «Б». Существенными в этом варианте являются два фактора. Это наличие положительной структуры (блок Б) и зоны слияния коллекторов. Согласно положению замыкающей изолинии ловушки на отметке—15 м насыщение нефтью ниже этой глубины исключено. Замкнутая изолиния (-25 м), контролировавшая единую залежь до ее нарушения утрачивает свою функцию структурного замка. Происходит перераспределение углеводородов. Излишний объем флюидов разбитого на блоки резервуара мигрирует вверх по разрезу, насыщая расположенные по пути миграции новые ловушки.

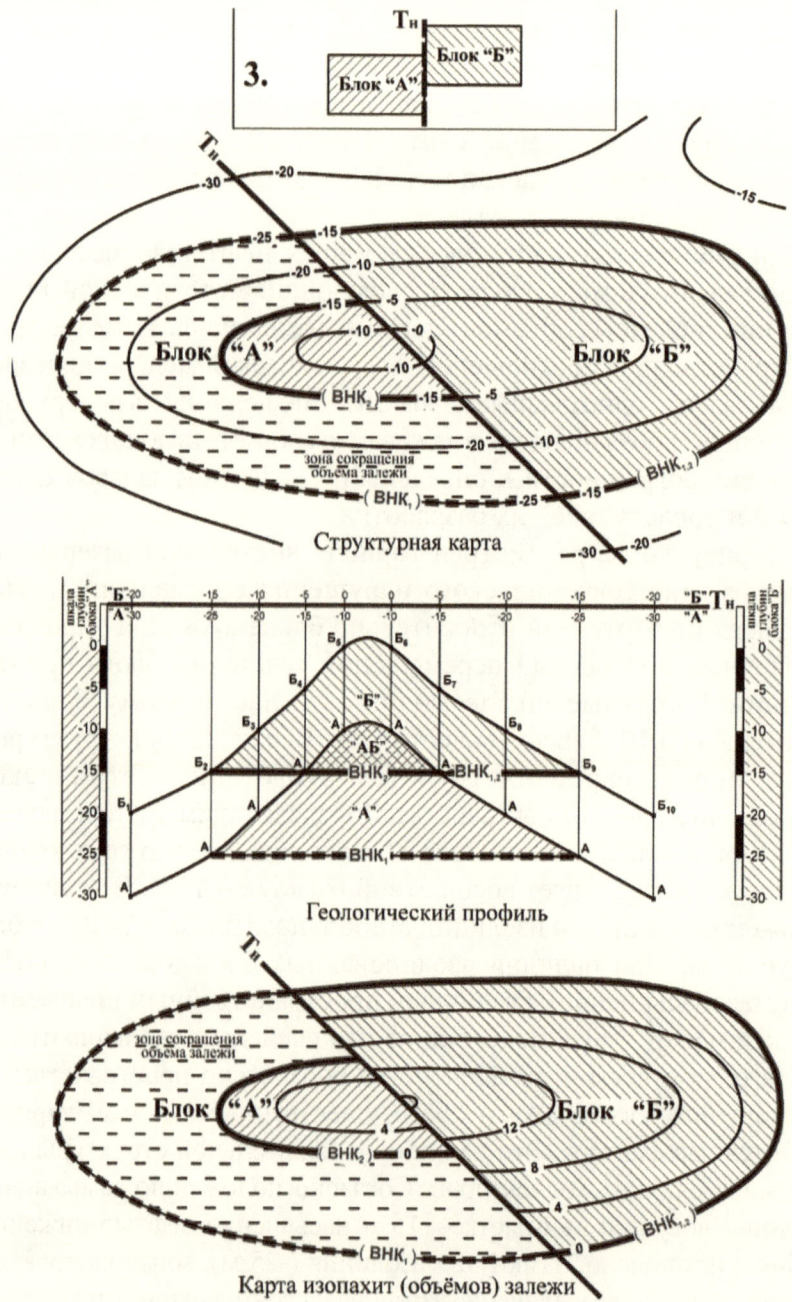

Рис.32 Построение резервуара и залежи в зоне
тектонического нарушения со смещением блока "Б" вверх
по вертикали относительно блока относительно блока "А"

Построение вновь образованного резервуара усложняется. Первоначальное положение контура нефтегазоносности блока «А» перемещается на 10 м выше. Соответственно, резко сокращается размер продуктивного поля стабильного блока «А».

В практике изучения месторождений встречен вариант нарушения целостности продуктивной толщи, при котором крыльевая часть одного из блоков опущена вниз относительно структурного поднятия. На рисунке 33 рассмотрен условный вариант такого соотношения неподвижного «А» и смещенного «Б» блоков.

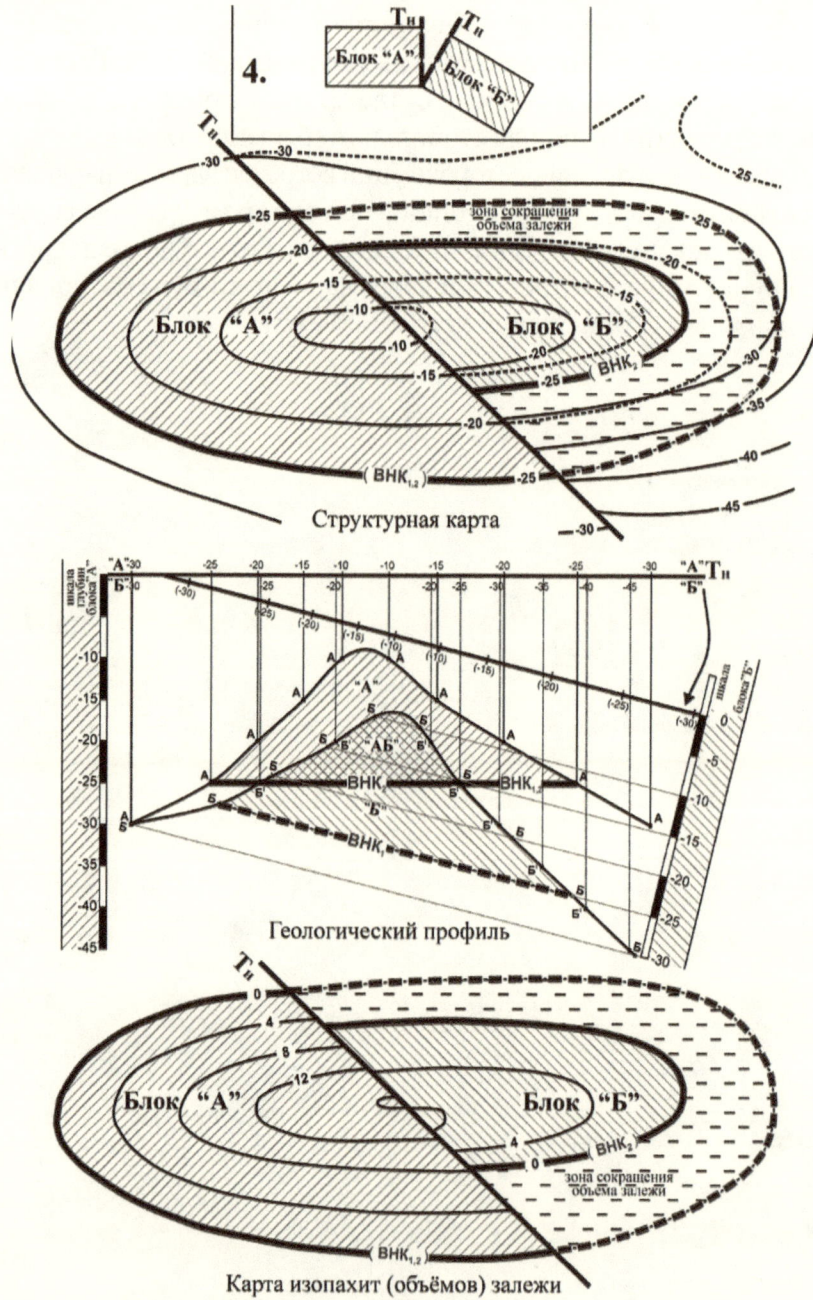

Структурная карта

Геологический профиль

Карта изопахит (объёмов) залежи

Рис.33 Построение резервуара и залежи в зоне
тектонического нарушения при смещении вниз южного
крыла блока "Б" относительно блока "А"

На структурной карте вдоль тектонического нарушения (Тн) показаны изолинии поверхности блока «Б» до ее разрушения (пунктирная линия) и после смещения южного крыла. В северо-западной части поднятия изолинии обеих поверхностей совпадают с изолинией стабильного блока «А» (точка—30 м). На юго-восточном погружении гипсометрическое превышение структурной поверхности составляет величину, равную 15. Более иллюстрированным представляет геологический профиль соотношения блоков и перераспределения залежи углеводородов. Приведены две шкалы глубин неподвижного и смещенного блоков. В блоках, примыкающих к поверхности нарушения, присутствует две разновидности контакта проницаемых сечений. Одна – обусловлена контактом с непродуктивными породами. Вторая – образует зоны слияния коллекторов двух блоков – «проницаемые окна». Последние объединяют коллекторы двух блоков в единый резервуар. «Проницаемые окна» обуславливает также перераспределение флюидов во вновь образованном резервуаре, графическая модель которого по форме и объему пустотного пространства не сопоставима с исходным вариантом структурного поднятия и залежи до их нарушения вследствие проявления тектонического фактора.

Для исследованного варианта перераспределение флюидов происходит только за счет изменения гипсометрического положения блока «Б» относительно блока «А», продуктивный объем которого не изменился и соответствует положению замыкающей изолинии—25 м. Эта абсолютная глубина положения водонефтяного контакта (ВНК) определяет объем нефтенасыщения в пониженном блоке «Б». Оставшаяся за пределами ловушки часть углеводородов мигрировала вверх по разрезу, насыщая структуры, благоприятные для формирования новых залежей.

Новое соотношение продуктивных объемов двух блоков отражает карта эффективных нефтенасыщенных толщин (карта объемов залежи) на рисунке 50. Распределение толщин в пределах блока «А» осталось неизменным и соответствует исходному, базовому варианту. Величина полезного объема блока «Б» существенно сократилась, о чем свидетельствует положение начального ВНК, относительно измененного – ВНК$_2$.

Предложенный анализ вариантов пространственного соотношения различных блоков в зонах тектонических нарушений свидетельствует о многообразии структурных ловушек, изменении объемов нефтегазонасыщения коллекторов, учет которых позволит точнее определять запасы углеводородов в залежах и повысит эффективность их извлечения.

Ниже в таблице 1 для всех построений приведены вариантные отметки кровли резервуаров, положение ВНК величины объемов сечений $Б_1$, $Б_2$, $Б_3$ и $Б_4$ в профиле тектонического нарушения относительно стабильного блока «А».

Вариантные отметки кровли резервуара и величины объема (V) и залежи по профилю тектонического нарушения ($T_н$).

Таблица 1

Вариантные отметки кровли резервуара и величины объема (V) залежи по профилю тектонического нарушения ($T_н$)

Блок "А"—стабильный											
A_1	A_2	A_3	A_4	A_5	A_6	A_7	A_8	A_9	A_{10}	ВНК	V_A-const
-30	-25	-20	-15	-10	-10	-15	-20	-25	-30	-25 м	
1. Блок "Б" без смещения относительно блока "А"											
$Б_1$	$Б_2$	$Б_3$	$Б_4$	$Б_5$	$Б_6$	$Б_7$	$Б_8$	$Б_9$	$Б_{10}$	ВНК	$V_A=V_Б$
-30	-25	-20	-15	-10	-10	-15	-20	-25	-30	-25 м	
2. Блок "Б" смещен по горизонтали											
$Б_1$	$Б_2$	$Б_3$	$Б_4$	$Б_5$	$Б_6$	$Б_7$	$Б_8$	$Б_9$	$Б_{10}$	ВНК	$V_A=V_Б$
-30	-25	-20	-15	-10	-10	-15	-20	-25	-30	-25 м	
3. Блок "Б" смещен повертикали вверх											
$Б_1$	$Б_2$	$Б_3$	$Б_4$	$Б_5$	$Б_6$	$Б_7$	$Б_8$	$Б_9$	$Б_{10}$	ВИК	$V_A<V_Б$
-20	-15	-10	-5	0	0	-5	-10	-15	-20	-15 м	
4. Смещено южное крыло блока "Б"											
$Б_1$	$Б_2$	$Б_3$	$Б_4$	$Б_5$	$Б_6$	$Б_7$	$Б_8$	$Б_9$	$Б_{10}$	ВИК	$V_A>>V_Б$
-30,0	-27,5	-22,5	-17,5	-15,0	-16,0	-22,0	-28,5	-35,0	-41,5	-25 м	

3.4. ОСНОВНЫЕ ПРИНЦИПЫ ГЕОМЕТРИЗАЦИИ СЛОЖНО ПОСТРОЕННЫХ РЕЗЕРВУАРОВ И ЗАЛЕЖЕЙ НЕФТИ И ГАЗА

Графические модели залежей нефти и газа в виде структурных карт и карт полезных объемов (эффективных нефтегазонасыщенных толщин) широко используются в качестве основы проведения поисковых, разведочных и эксплуатационных работ, а также при подсчете запасов углеводородов и в конечном счете обеспечивают эффект разработки залежей и месторождений в целом.

Практика геологоразведочных работ показывает, что разведка месторождений нефти и газа не всегда ведется достаточно рационально. В частности, отдельные эксплуатационные скважины оказываются за пределами продуктивных полей или попадают в зону отсутствия коллектора. Запасы углеводородов при этом также существенно изменяются, нередко в сторону их значительного сокращения. Безусловно, при этом всегда присутствует объективный фактор несовпадения реальных форм пространственного размещения углеводородов в разрезе продуктивной толщи и соответствующих им графических моделей залежей. Однако степень такого несоответствия сильно зависит от принятых методов построения графических моделей объемов резервуаров и залежей, обусловливающих наибольшие погрешности при подсчете запасов углеводородов.

Многообразие общеизвестных типов залежей (пластовых, сводовых, тектонически и стратиграфически экранированных и др.) в значительной мере связано с второстепенными (подчиненными по площади) осложняющими признаками, которые далеко не всегда, распознаются и, как правило, не учитываются при построениях.

Так, типично пластовые сводовые резервуары могут быть частично осложнены нарушениями или стратиграфическими несогласиями и претерпевать литологические изменения. Подобные осложнения возможны в типично тектонически и стратиграфически экранированных, а также массивных ловушках и залежах.

Известно также, что залежи различаются по содержанию и соотношению флюидов, насыщающих продуктивные отложения. Они могут быть чисто нефтяными или газовыми, с газовыми шапками и нефтяными оторочками полного или неполного контура. Кроме того, залежи различаются по степени неоднородности продуктивных отложений и по пространственному положению и форме контактных поверхностей нефти, газа и воды. Всегда имеют место так называемые переходные зоны от чистой нефти к пластовой воде, от газосодержащих до нефтенасыщенных участков продуктивного разреза.

Толщины переходных зон могут быть весьма значительными и зависят от литологического состава продуктивных отложений и физико-химических свойств нефтей и газов. В таких переходных зонах соотношение контактирующих флюидов изменяется от нуля до 100 %. При моделировании переходной зоны, как поверхности, естественно закладывается ошибка в определение полезного объема конкретной залежи.

Существенным остается и то, что все многообразие ловушек и залежей сверху и снизу контролируется поверхностями кровли, подошвы, раздела и слияния коллекторов. Нередки случаи сочетания этих поверхностей в качестве фрагментов единого (общего) ограничения залежи. Обозначая эти поверхности соответствующими условными символами (Кпл—кровля пласта, Ппл—подошва пласта, Тн—тектоническое нарушение, Сн – стратиграфическое несогласие) и применяя простые математические действия, можно описать любую, простую или сложную (фрагментарную), поверхность и объем залежи любого типа, обязательно учитывая при этом генезис основных и второстепенных по значимости признаков типологии залежей.

Структурные поверхности. Это модельные поверхности резервуаров и залежей нефти и газа в плане. Графические модели упрощенных, сглаженных поверхностей, наиболее часто применяемых на практике, создают дополнительные участки погрешностей при геометризации залежей, иногда весьма существенные. На рисунке 34 условно показаны варианты таких построений. Продуктивный пласт в кровле представлен комплексом проницаемых прослоев (а и б), границы распространения которых, на профиле и в планах не совпадают. Графическая модель такого резервуара и залежи должна учитывать эти особенности (площади распространения пропластков, их гипсометрическое соотношение) и может быть представлена суммой фрагментов поверхностей двух пропластков в плане (вариант I).

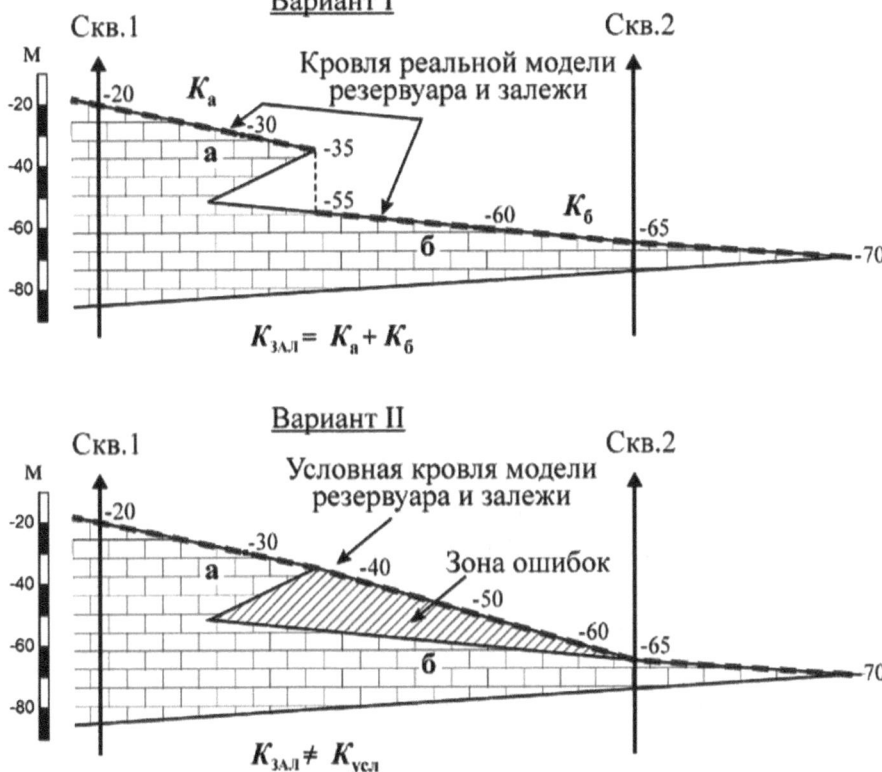

Рис.34 Наиболее вероятные зоны ошибок построений
структурных поверхностей резервуаров и залежей

В зависимости от положения пропластка а между скважинами 1 и 2 и способов моделирования выклинивания его к кровле, подошве или в средней части продуктивного пласта при дальнейших построениях возможно уменьшение полезного объема, если пропласток выклинивается ближе к скважине 2, или его увеличение, если участок выклинивания находится ближе к скважине 1. Причем на границе распространения верхнего пропластка изогипсы структурной карты будут иметь характерный излом вследствие гипсометрического превышения одного пропластка (а) над другим (б). Аналогичное распределение изолиний и на картах эффективных нефтегазонасыщенных толщин (на картах объема).

Сглаженная структурная поверхность резервуара, построенная только по отметкам вскрытия пласта в скважине 1 (-20 м) и скважине 2 (-65 м) без учета особенностей выклинивания пропластка а, создает зону погрешностей (вариант II).

Математические действия в горной геометрии впервые были предложены П.К.Соболевским, допускавшим любые математические действия с поверхностями различных геологических тел [26]. Автором предлагается расширить применение математических действий (в основном посредством сложения и вычитания) не только с поверхностями, но и с объемами резервуаров и залежей [4 и др.].

На рисунке 35 показано месторождение Ти-Экс-Эл (США). Залежь здесь размещена в типично пластовой тектонически экранированной ($T_н$) ловушке. В своде на небольшой площади она срезана стратиграфическим несогласием ($C_н$). Водонефтяной контакт (ВНК) присутствует только в крыльевой части структуры. При геометризации таких залежей необходимо учитывать региональные построения, в частности, гипсометрическое положение поверхности стратиграфического несогласия и тектонического нарушения, элементы которых на данном месторождении ограничивают и залежь. Верхняя поверхность ограничения, кровля залежи ($K_{зал}$), представлена двумя фрагментами кровли продуктивного пласта и участком поверхности несогласия ($C_н$):

$$K_{зал} = K_{пл} + C_н + K_{пл}.$$

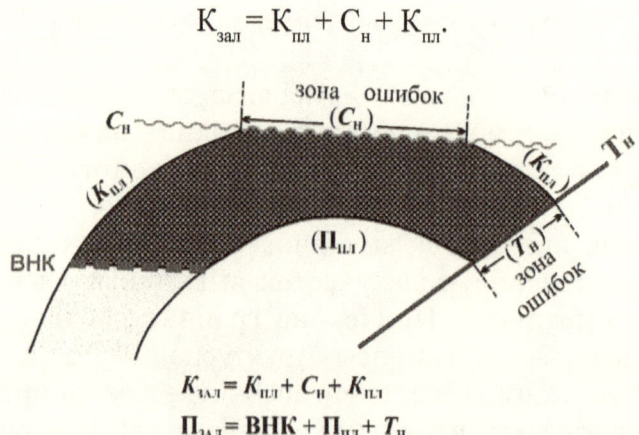

$$K_{зал} = K_{пл} + C_н + K_{пл}$$
$$П_{зал} = ВНК + П_{пл} + T_н$$

Рис.35 Геометризация поверхностей резервуара и залежи в зонах тектонических нарушений ($T_н$) и стратиграфических несогласий ($C_н$)

Без учёта генезиса фрагментов ограничивающих поверхностей и их доли, моделируется единая сглаженная поверхность по точкам вскрытия залежи скважинами, т.е. создаются зоны последующих погрешностей при геометризации объемов резервуаров и запасов залежей нефти и газа. Наибольшие ошибки при подсчете запасов связаны именно с определением этих основных параметров. Аналогично описывается нижняя граница залежи месторождения Ти-Экс-Эл:

$$\Pi_{зал} = ВНК + \Pi_{пл} + Т_н$$

Соответственно, объем залежи (Q) определится по численному превышению одной поверхности над другой, т.е. по разности отметок подошвы и кровли продуктивной части пласта.

$$Q = \Pi_{зал} - К_{зал} = (ВНК + \Pi_{пл} + Т_н) - (К_{пл} + С_н + К_{пл}).$$

Важным преимуществом таких методических приемов является возможность использовать не только отметки конкретных скважин, но и любой точки, в пределах залежи.

Математические действия, в частности сложение, целесообразно использовать при построении полезного объема залежи, резервуар которой представлен комплексом проницаемых пропластков, сливающихся или выклинивающихся в пределах продуктивной площади. Следует учитывать при этом, что в зонах слияния коллектора верхнего и нижнего пропластков, изолинии будут одинаковыми. Такой методический прием позволит учесть особенности распространения каждого пропластка продуктивного комплекса, исключит погрешности в зонах слияния коллекторов, а также позволит использовать информацию о полезном объеме залежи в любой её точке.

Полезные объемы резервуаров и залежей. При подсчете запасов нефти и газа наибольшие погрешности возникают при моделировании полезных объемов резервуаров и залежей в виде карт изопахит (карт распределения эффективных толщин в пределах внешних контуров нефтегазоносности).

Особенно в случаях, когда продуктивные отложения представлены комплексом проницаемых пропластков, претерпевающих литологические изменения по площади и разрезу.

Упрощенные варианты таких построений и возможных погрешностей иллюстрируется на примере профиля двух условных скважин, 1 и 2 (рис. 36). В одной—продуктивный пласт представлен двумя прослоями толщиной 3 м и 2 м и суммарным значением толщины коллектора 5 м. Второй, верхний из пропластков в профиле условных скважин литологически замещается непроницаемыми породами и выклинивается в точке «0». В скважине 2 присутствует один, нижний из двух коррелируемых проницаемых прослоев толщиной 2 м.

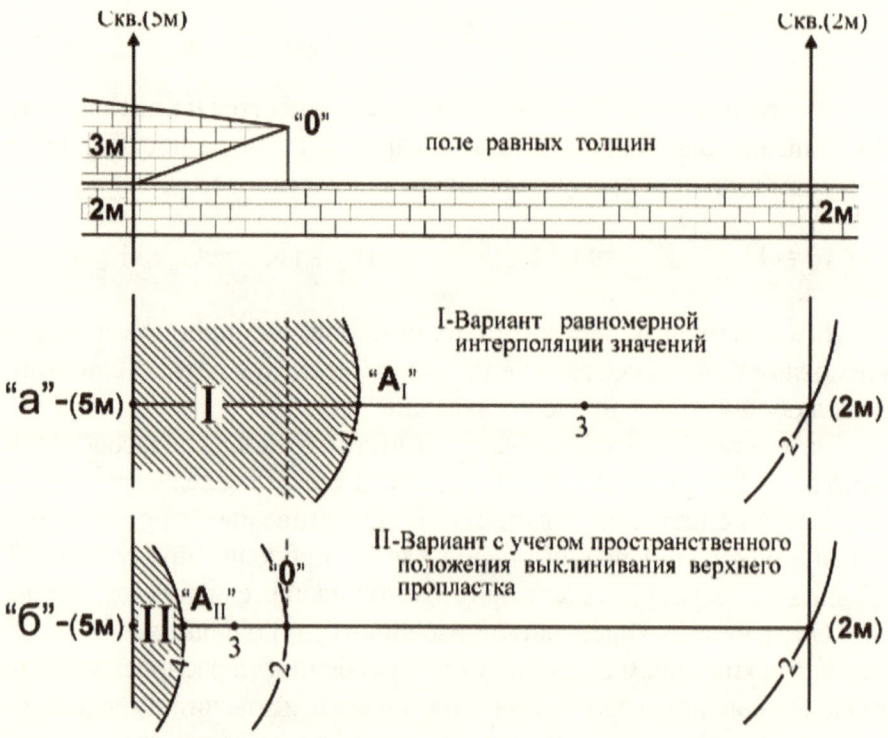

Рис.36 Ошибки построения полезного объема резервуара и залежи при равномрной интерполяции толщин коллектора (I) и построениях с учетом пространственого положения выклинивающегося пропластка (II)

Интерполяция, или построений значений толщин между условными скважинами может быть осуществлена двумя способами, «а» и «б». Способ «а» предусматривает построение изолиний карты по суммарным значениям толщин в скважинах. Способ «б», кроме суммарных толщин коллекторов по скважинам, учитывает дополнительный существенный признак—площадь распространения и положение линии выклинивания верхнего прослоя. По условию задачи между скважинами с толщинами 5 м и 2 м определяется точки со значением изолиний 4 м и 3 м. При сравнительно небольших толщинах коллектора сечение изолиний через 2м представляется достаточно рациональным. Следовательно, построения сводятся к определению положения изопахиты, 4 м.

Согласно варианту «а» толщины от 5 м до 2 м на профиле распределяются равномерно с определением положения изопахиты 4м (точка «А»), которая ограничивает соответствующее поле равных толщин на карте. На рисунке такие поля обозначены штриховкой. Этот методический прием получил наибольшее распространение в практике геологических построений. Однако он не учитывает площадь распространения верхнего пропластка и положение его линии выклинивания. Это приводит к погрешностям при подсчете запасов углеводородов и разработке залежей, особенно, в случаях значительных по размерам продуктивных полей.

Второй способ, «б», предпочтителен. К значениям толщин по скважинам дополнительно учитывается пространственное положение верхнего пропластка и положение линии его выклинивания (точка «0»). На рисунке 36.б, эта граница обозначена двумя величинами толщин: «0» для верхнего пропластка и «2м»—для нижнего. В направлении к первой условной скважине нефтегазонасыщенные толщины увеличиваются от 2м до 5м, между которыми посредством интерполяции определяется положение изхопахиты 4м. В направлении ко второй условной скважине толщина нижнего пропластка сохраняется неизменной и равной 2м. Для большей наглядности положение нечетной изолинии «3м» показано пунктиром.

Сопоставление результатов построений карт толщин (полезных объемов залежей) показывает существенные различия в положении изолинии 4м и распределении продуктивных полей и толщин, которые они ограничивают. Этот методический прием увеличит достоверность запасов, которые необходимо подсчитать и обеспечит более эффективное их извлечение.

Трещинные резервуары. В процессе разведки и разработки месторождений представления о пространственном размещении резервуаров, залежей и соответствующих запасов нефти и газа изменяются. И это естественно. По мере накопления геолого-геофизических и промысловых данных уточняются графические модели залежей. Более достоверно обосновываются подсчетные параметры для оценки запасов углеводородов. Все это позволяет приблизить теоретические представления и расчетные величины к реальным условиям размещения залежей в продуктивных отложениях. То есть впрямую зависит от объема геологической информации.

Однако погрешности в определении запасов углеводородов существенно зависят не только от объема статистических данных, но и от знания особенностей трещинного коллектора, который образует резервуар для скопления залежи нефти и газа. Как упоминалось выше, дискуссионным оставалось пустотное пространство трещинных коллекторов и особенности их нефтеводонасыщения. В данной монографии многие проблемы решены. В частности, одна из них—чашеобразная форма нефтеводяного контакта в трещинном резервуаре, обозначенная автором в 1980—1982 годах [5] подтверждена анализом десятков крупных и мелких залежей, запасы и добыча которых значительно превышали объемы ловушек, к которым были приурочены.

Результаты теоретических разработок, подтвержденные фактическими данными позволяют определить зоны наибольших погрешностей в определении объемов и запасов залежей трещинных резервуаров. На рисунке 37 дана упрощенная модель залежи, размещенной в трещинном коллекторе. Указаны зоны наиболее вероятных погрешностей. Они могут быть направлены как в сторону завышения, так и в сторону сокращения запасов углеводородов.

В большинстве случаев положение отметки водонефтяного контакта определяют результаты скважин, при опробовании которых получены притоки нефти и пластовой воды. По упрощенной схеме положение контакта (ВНК) совокупно рассчитывается по нижней отметке получения нефти и верхней отметке получения воды. Для варианта I рассмотрены результаты скважин 2 и 1. Нижняя гипсометрия получения безводной нефти в скважине 2—20 м. Пластовая вода получена с глубины—36 м. Полусумма гипсометрических отметок определяет расчетное положение ВНК на отметке—28м и принимается расположенным горизонтально

СКВАЖИНЫ

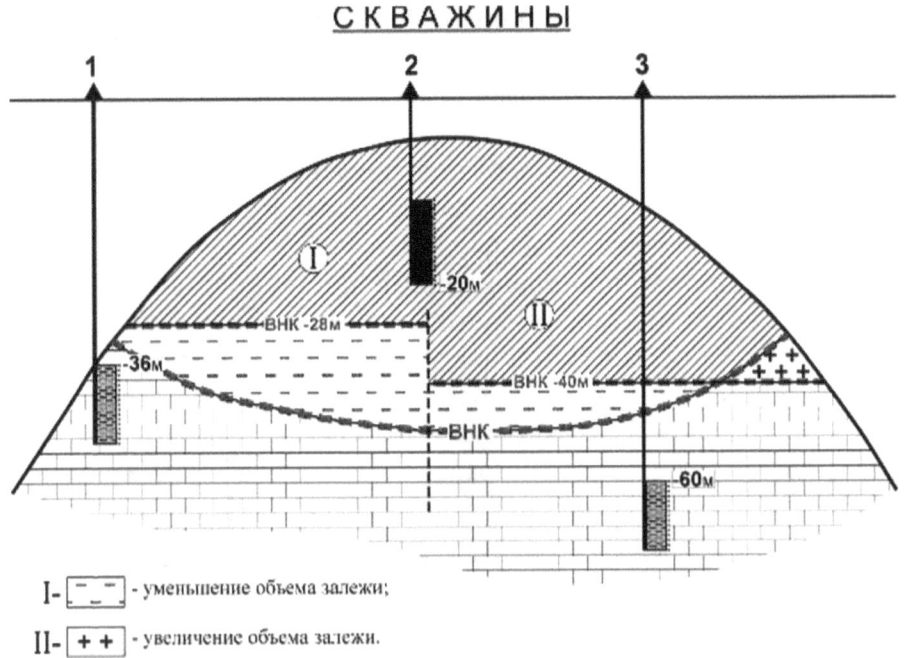

I- $\boxed{- - }$ - уменьшение объема залежи;

II- $\boxed{+ +}$ - увеличение объема залежи.

Рис.37 Варианты оштбок построения объема залежи при
подсчете запасов нефти в трещинных коллекторах

на данном участке условной залежи. Без учета особенностей
размещения нефти в трещинном коллекторе расчетная величина
объема залежи и запасов значительно сокращается. Аналогичный
расчет отметки водонефтяного контакта по скважинам 2 и 3
для второго варианта на абсолютной отметке минус 40 м также
свидетельствует о погрешностях в определении наиболее вероятного
объема залежи, приуроченной к трещинному резервуару. Здесь
намечаются две зоны ошибок в определении полезного объема
и запасов: некоторое увеличение полезного объема на границе
нефтенасыщения трещинного резервуара и уменьшение его за счет
горизонтального положения контакта. В обеих случаях ошибки
построений обусловлены общепринятой моделью залежи, не
учитывающей особенности пространственного размещения флюидов
в трещинных резервуарах, которые определяют чашеобразную
форму контакта нефти и воды. В связи с этим нередки ситуации,
когда извлекаемые запасы значительно превышают балансовые

163

или геологические. Неоднократная корректировка граничных значений подсчетных параметров на ранних стадиях изучения месторождений представлялась логичной. Однако на завершающей стадии разработки залежей значительные превышения объемов добычи нефти над «уточненной» величиной начальных извлекаемых запасов оставалось необъяснимым. В практической деятельности она именуется «отрицательной».

Таким образом, построение поверхностей, ограничивающих залежи, с учетом их морфогенетических признаков и построение полезных объемов сложных резервуаров посредством дифференцированного учета особенностей каждого пропластка позволит приблизить графическую модель залежи к ее размещению в реальном геологическом пространстве. При геометризации объемов сложнопостроенных залежей необходимо дифференцированно учитывать особенности пространственного положения каждого пропластка единого резервуара, широко используя при этом простейшие математические действия.

Естественно, что максимальная информация о залежах нефти и газа накапливается к завершающему этапу разработки месторождений.

Поэтому целесообразно провести переоценку остаточных запасов нефти в пределах выработанных (обводненных) месторождений по единой методике определения основных объемных параметров залежей, обусловливающих наибольшие погрешности оценок.

3.5. ГРАФИЧЕСКОЕ ИССЛЕДОВАНИЕ СПОСОБОВ ВЫЧИСЛЕНИЯ ПОЛЕЗНЫХ ОБЪЕМОВ ЗАЛЕЖЕЙ НЕФТИ И ГАЗА

Основой замеров и вычисления полезных объемов залежей нефти и газа для целей подсчета запасов и разработки месторождений служат карты равных эффективных нефтегазонасыщенных толщин, или карты полезных объемов залежей. Замеры полей равных толщин производятся планиметром или по компьютерным программам. Вычисление объемов осуществляется двумя способами и зависит оттого, на какие элементарные, удобные для обсчета, геометрические фигуры рассекается графическая модель залежи. Формула расчета имеет вид:

$$V = V_1 + V_2 + \ldots + V_n,$$

где V—полезный объем залежи;

V_1 , V_2, . . . V_n—полезные объемы элементарных фигур

На примере единой карты нефтегазонасыщенных толщин с одинаковым сечением изолиний и сходными направлениями профильных разрезов (АВ) показаны графические способы преобразования модели залежи и принципиальные различия анализируемых способов определения полезного объема залежи.

Согласно первому способу на рисунке 38 графическая модель залежи рассекается системой горизонтальных поверхностей ($П_1$ и $П_2$). Поверхности располагаются на равных расстояниях, количество их соответствует числу изолиний на карте толщин. При этом образуются элементарные полезные объемы залежи. Геометрическая форма их соответствует, в основном, усеченным равновысотным конусам. И только верхние замыкающие элементарные объемы образуют полные конусы. Положение их соответствует участкам продуктивных полей с максимальными значениями толщин. Количество «замыкающих» конусов зависит от числа зон с максимальными толщинами, не кратными заданному сечению изолиний на карте. И только в частных случаях высота элементарного конуса соответствует этому сечению. На карте обозначается точкой со значением толщины. Это необходимо учитывать при расчете среднего значения толщины замыкающего элементарного объема.

Объемы конусов легко рассчитываются по общеизвестным формулам. Для оптимизации расчетов усеченные и полные конусы преобразуются в равновеликие по объему прямые цилиндры, высота которых отвечает заданному сечению изопахит. Основания цилиндров ограничиваются вспомогательными средними изолиниями, построенными между соседними парами изопахит.

Сумма преобразованных объемов и их математическое выражение соответствует графической модели реальной залежи и рассчитывается по модифицированной формуле, где объем залежи выражен через площади оснований элементарных цилиндров S и их соответствующих высот h:

$$V = S_1 h_1 - S_2 h_2 + \ldots - S_n h_n.$$

Способ первый. На рисунке 38 дан пример карты полезного объема условной залежи с сечением изопахит через 2 м. Максимальная толщина модели нефтегазонасыщенного объема отмечена в условной скважине 1 и составляет 5 м. Эта величина не кратна сечению изолиний карты. Поэтому через скважину не проходит очередная изопахита. Толщина залежи в этой точке определяет высоту замыкающего элементарного цилиндра.

Распределение нефтегазонасыщенных толщин на карте дополнительно иллюстрируется профильным разрезом залежи, «осажденной» на горизонтальную плоскость—плоскость проекции. На рисунке 38, б, в, г последовательно показано, как и на какие элементарные объемы две горизонтальные плоскости Π_1 и Π_2 рассекают графическую модель залежи нефти или газа. При этом образовались три элементарных объема. В двух усеченных конусах нижние и верхние основания ограничиваются соответствующими парами изопахит—0 и 2, 2 и 4 м. Высота этих фигур одинакова и определяется заданным сечением изолинии исследуемой карты. В районе условной скважины 1 максимальное значение нефтегазонасыщенной толщины залежи 5 м обусловливает образование третьего элементарного объема, объема замыкающего конуса, основание которого ограничивается изопахитой 4 м, а высота над поверхностью Π_2 равна 1 м. Такой вариант графической модели легко рассчитать, но расчет ее не будет оптимальным.

Формула объема усеченного конуса, равного произведению полусуммы площадей оснований на высоту, предусматривает моделирование объема условного цилиндра, основание которого отличается от основания равновеликого по объему, модели усеченного конуса. Согласно этому преобразуется графическая модель залежи в целом.

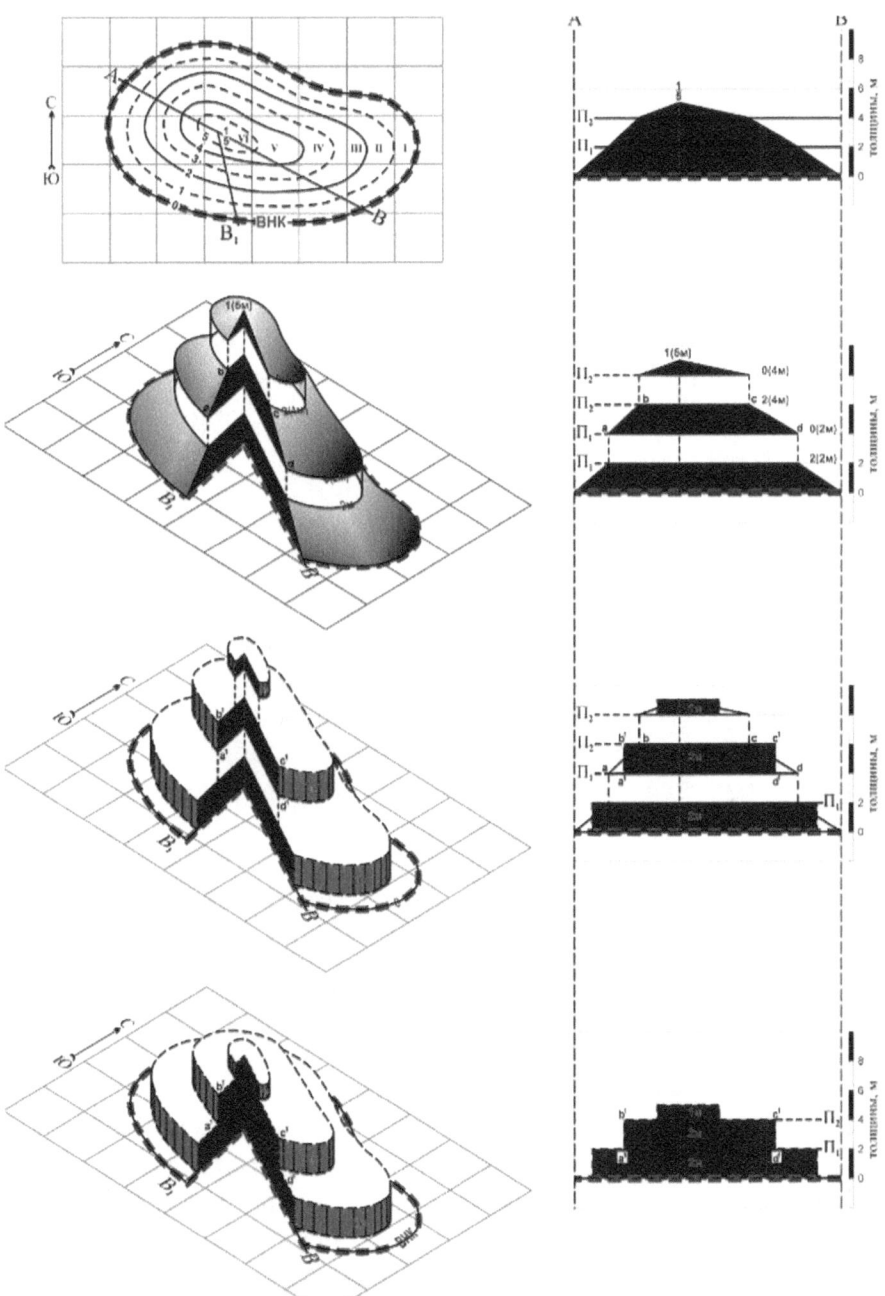

Рис.38.Рассечение геологической модели залежи
горизонтальными поверхностями II_1 и II_2

Усеченные конусы (abcd) преобразуются в равновеликие цилиндры (a1b1c1d1), сумма которых соответствует равновеликой исходной модели полезного объема реальной залежи. На рисунке в и г показаны результаты таких преобразований. Для большей наглядности элементарные объемы раздвинуты в пространстве, а на рисунке 55 г они снова совмещены и соответствуют графической модели залежи. Особенностью вспомогательной модели является то, что реальный контур нефтегазоносности и соответствующее ему поле I исключены из модели и при замерах площадей и в последующих расчетах не используются.

Согласно первому способу определения величины полезного объема залежи формула расчета приобретает вид:

$$V = (S_1 + S_2 + \ldots + S_{n-1})\, h + S_n h_n.$$

Следовательно, без дополнительных замеров вычисление данной модели не обеспечивает получение одной из основных характеристик залежи – площади нефтегазоносности. Кроме того, этот прием требует построения промежуточных изолиний—1, 3, 5 м, не предусмотренных заданным сечением исходной карты.

Способ второй. Принципиальной особенностью этого способа является то, что полезный объем графической модели залежи рассекается системой вертикальных цилиндрических поверхностей ($П_1$ и $П_2$). Следы этих поверхностей на карте соответствуют положению изолиний нефтегазонасыщенных толщин. При этом образуется совокупность, в основном, цилиндрических фигур, называемых в геометрии «цилиндрической трубой». И только в районе максимальных толщин, не кратных сечению изолиний, эта «замыкающая» элементарная фигура—сплошная. Пространственное изображение рассеченного вертикальными поверхностями объема залежи и соответствующий профильный разрез по линии АВ показаны на рисунке 39 и свидетельствуют о том, что первая кольцеобразная элементарная фигура в сечении представлена прямоугольным треугольником (в'ва). Последующие сечения описываются четырехугольниками (авсd). Замыкающая фигура отвечает многоугольнику dc5ef, вершина которого соответствует максимальному значению толщины залежи (5 м).

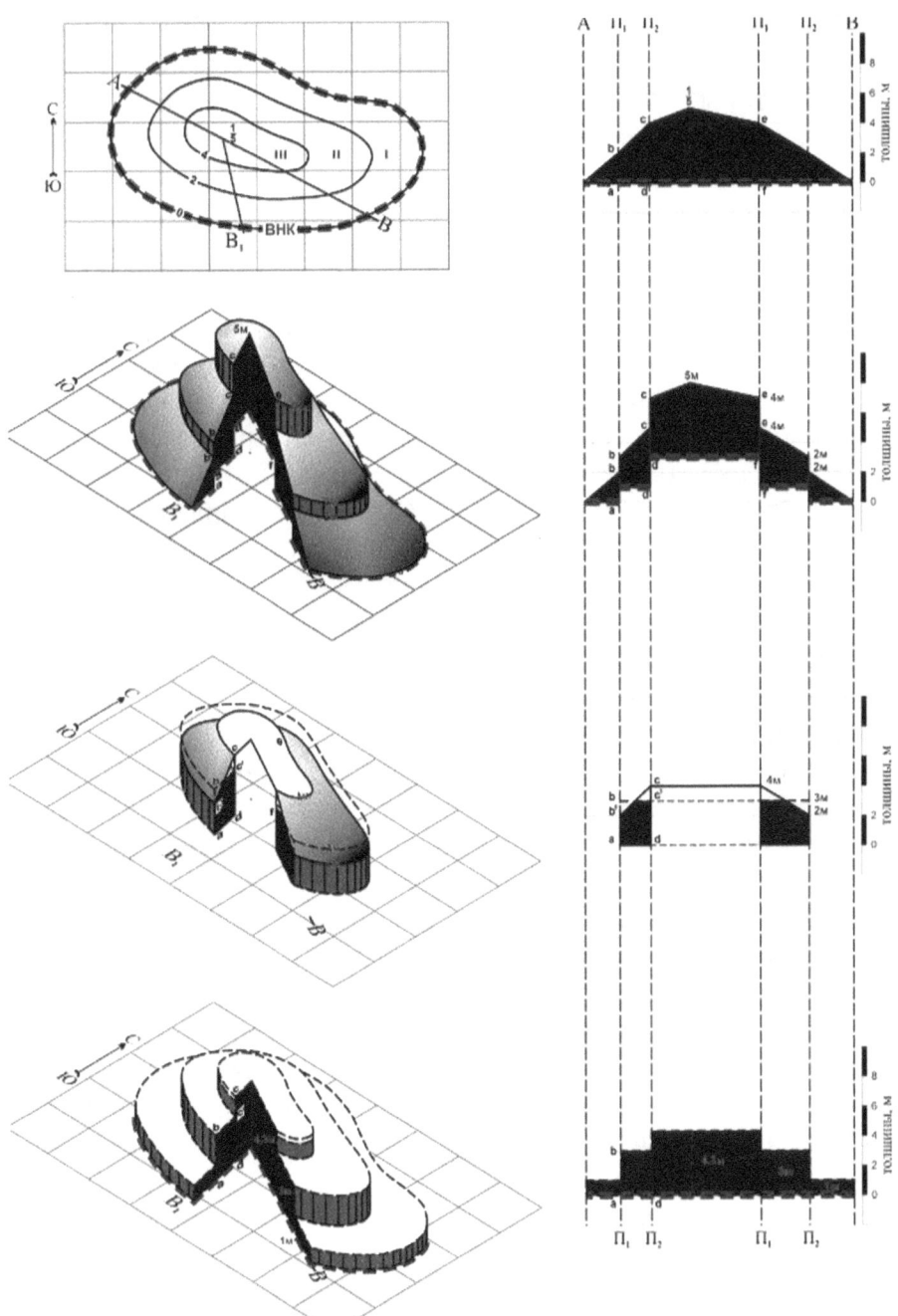

Рис.39 Модели залежи рассекается горизонтальными
поверхностями II_1 и II_2

На рисунке 39,в вынесен элементарный объем модели, ограниченный двумя вертикальными поверхностями—Π_1 и Π_2, следы которых совпадают с положением изопахит 2 и 4 м. Такая фигура (авсd) не удобна для расчета. Поэтому она преобразуется в кольцеобразную цилиндрическую фигуру (сечение ав1 с1 d1). Высота элементарного объема рассчитывается по высотам ав (2 м) и cd (4 м) и равна их полусумме – 3 м.

На участке максимальных толщин сплошная элементарная фигура, также преобразуется в цилиндр. Высота его определяется с учетом «замыкающего» конуса с5е. Известно, что объем конуса равен произведению площади основания на треть высоты. Поэтому высота «замыкающего» элементарного сплошного цилиндра складывается из высоты cd или ef (4 м) основного и высоты равновеликого цилиндра (0,3 м), преобразованного из конуса с5е. Основания цилиндра и конуса равны и описываются максимальной по значению изопахитой 4 м. Окончательно преобразованная модель объема залежи показана на рисунке 39,г. Она представлена совокупностью цилиндрических фигур, удобна для расчета и соответствует карте полезного объема в проекции на горизонтальную плоскость.

Во втором варианте построений, в отличие от первого, контуры нефтегазоносности реальной залежи и ее графической модели совпадают, соответствуют положению нулевой изолинии на карте равных толщин и совместно с последующей изопахитой (2 м) ограничивают площадь основания первой кольцевой элементарной цилиндрической фигуры. Высота фигуры h равна полусумме значений ограничивающих изолиний (1 м).

Объем второй кольцевой цилиндрической фигуры (она вынесена отдельно на рисунке 39,в определяется произведением площади кольца, ограниченного следующей парой изопахит (2 и 4 м), на высоту h, равную полусумме значении этих изопахит (3 м), и т. д. Полученные величины элементарных объемов суммируются, определяя объем нефтегазовой залежи в целом.

Оба способа обеспечивают примерно одинаковую точность расчета полезного объема залежи. Для приведенного варианта исходной карты она едва превысила 1%. Однако второй способ представляется более предпочтительным, так как не требует вспомогательных построений, не предусмотренных сечением изолиний конкретной карты. Площади кольцевых элементарных объемов и их высоты определяются и рассчитываются по ограничивающим изолиниям. Кроме того, без дополнительных построений, обеспечивается получение двух важнейших характеристик залежи—площади нефтегазоносности и средневзвешенной по площади толщины залежи, что обусловливает предпочтительное применение этого способа в практике подсчета запасов нефти и газа.

3.6. ПРОСТРАНСТВЕННОЕ ИЗОБРАЖЕНИЕ СТРУКТУР И ЗАЛЕЖЕЙ НЕФТИ И ГАЗА НА ПЛОСКОСТИ

В нефтегазопромысловой геологии изображения залежей нефти и газа в изолиниях с числовыми отметками на горизонтальной плоскости являются наиболее распространенным и привычным способом представить размещение концентраций углеводородов в глубокозалегающих продуктивных отложениях. Эти изображения в виде структурных карт различных поверхностей, ограничивающих и рассекающих резервуар и залежь, в виде карт толщин, пористости, проницаемости и многих других характеристик пласта и залежи позволяют качественно и, что самое главное, с различной мерой точности количественно оценивать признаки и особенности размещения углеводородов в пустотном пространстве породы – коллектора.

С помощью таких построений определяются размеры резервуаров и залежей, площади нефтегазоносности, средние толщины и параметры коллекторских свойств, полезные объемы залежей, оцениваются запасы нефти и газа, размещаются поисковые, разведочные и эксплуатационные скважины. Роль и важность таких построений остаются приоритетными при исследовании месторождений на разных стадиях их изученности и разработки. Однако такие изображения наглядно иллюстрируют геологические тела и их признаки, в основном, в двух измерениях—по длине и ширине на различных картах, по высоте и длине—на профильных разрезах.

Третье измерение нередко совпадает с направлением проектирования, и любая характеристика на плоскости (на плане) отображается в виде точки или их совокупности с числовыми отметками, указывающими на гипсометрическое положение структурного плана или поверхности нефтегазоводяного контакта, линии на этих поверхностях—значений толщин или других показателей пласта и залежи.

Для профильных разрезов исключается представление о распространении (ширине) признака, а, следовательно, и размерах геологических тел. Вследствие этого ограничиваются возможности детального и всестороннего изучения и наглядной иллюстрации пространственного размещения различных характеристик геологических тел с их многообразием и сложным строением, литологическими особенностями и наличием различных флюидов, насыщающих продуктивные отложения.

Задача трехмерного пространственного изображения геологических тел, в частности резервуаров и залежей нефти и газа, решаются с помощью общеизвестных методов начертательной геометрии и компьютерных технологий.

Существуют различные способы пространственного изображения геометрических форм на плоскости. Принципиально они различаются методами проецирования на плоскость. Центральное, или коническое, проецирование предусматривает изображение предмета, когда проецирующие прямые расходятся пучком из одной точки, образуя проецирующий конус. Эти проекции наглядны, но они необратимы. По ним нельзя представить форму изображенного предмета [14].

Параллельное, или цилиндрическое, проецирование является разновидностью конического, при котором вершина конуса располагается в бесконечности, а проецируемые прямые параллельны между собой. Параллельное проецирование позволяет изучать геологическое тело в различных плоскостях, согласно прямоугольной проекции, и в одной плоскости, как предусматривает аксонометрическая проекция. Во втором случае точка, линия, поверхность и в целом геологическое тело связываются системой трех взаимно перпендикулярных координатных осей.

Практика показала, что аксонометрические проекции представляются наиболее оптимальными при изучении и изображении различных геологических и промысловых показателей резервуаров и залежей нефти и газа. Построение аксонометрических проекций требует определенных искажений предмета по осям. Согласно этому существует три принципиальных разновидности проекций.

В триметрической проекции масштабы всех трех осей различаются. В диметрической проекции масштабы двух осей одинаковы. В изометрической проекции масштабы всех осей равны.

Построение аксонометрических проекций представляется достаточно громоздким. Этим, по-видимому, объясняется тот факт, что в нефтегазопромысловой геологии этот способ изображения применяется весьма редко, хотя он обеспечивает не только наглядность пространственного размещения нефти и газа в продуктивных отложениях, но и позволяет решать конкретные задачи по рациональному размещению скважин, контролировать процесс обводнения и в целом разработку залежей и т.д.

И.О. Бродом и Е.Ф. Фроловым описан способ построения блок-диаграммы в диметрической проекции, построенной на основе геологической и структурной карт и двух профильных разрезов [16]. Такие построения выполнены авторами для многих месторождений Прикумской нефтегазоносной области. В 1958 г. блок-диаграмма иллюстрировала особенности строения Тахта-Кугультинского газового месторождения. Аксонометрическая проекция полезного объема залежи использована при обосновании границы раздела запасов по степени их изученности.

Блок-диаграмма позволила проанализировать влияние характера вскрытия продуктивного разреза на отработку залежи IX пласта нижнемеловых отложений месторождения Озек-Суат [11 и др.].

Блок-профиль поднятия Зимняя Ставка с нанесением коллекторов сложно-построенного VIII пласта нижнемеловых отложений позволил однозначно коррелировать сливающиеся, замещенные и выклинивающиеся пропластки, прогнозировать распространение коллекторов на участках, не вскрытых скважинами, анализировать процесс заводнения и отработки залежей, определять целесообразность дополнительной перфорации продуктивных пластов с целью повышения коэффициента нефтеотдачи .

При изучении нефтегазоконденсатных месторождений Русский Хутор Северный и Центральный была построена блок-диаграмма залежей VIII пласта нижнего мела с дифференцированным изображением газовой шапки, нефтяной оторочки неполного контура и приконтурной зоны продуктивного комплекса [4].

Таким образом, блок-профили показывают, как распространены продуктивные пласты по площади и разрезу: монолитны они или расслаиваются на пропластки, развиваются по толщине или литологически замещаются, разобщены или сливаются в единый коллектор; из каких пластов и пропластков компонуются поверхности, ограничивающие резервуар; какая часть резервуара содержит залежь. Для залежей, находящихся в разработке, блок-профили иллюстрируют положение интервалов перфорации относительно проницаемых и непроницаемых прослоев, положение начальных и текущих поверхностей газ—нефть—вода, контуров нефтегазоносности и т.д.

Приведенный неполный перечень возможностей пространственного изображения свидетельствует о целесообразности применения этого способа при изучении геологического строения месторождений и промысловых показателей залежей нефти и газа.

Ниже, на примере одной условной структуры (рис. 40,а и 40,б), осложненной двумя куполами, в пределах которых размещена залежь нефти с газовой шапкой, рассмотрены различные варианты пространственного изображения этой структуры и залежи на плоскости. Изображения построены в виде блок-диаграмм и блок-профилей.

Весьма наглядными представляются изображения, построенные как совокупность плоскостных сечений, горизонтально или вертикально рассекающих резервуар и залежь. Выразительными являются изображения, построенные как совокупность вертикальных разновысотных цилиндрических поверхностей, отвечающих положению изолиний кровли резервуара и залежи с соответствующими им числовыми значениями или с помощью цилиндрических поверхностей, «осажденных» на одном уровне. Идея таких построений заимствована из книги «Земля» Дж. Ферхугена и др. [30].

Основой для построения служат план расположения скважин с намеченными профильными направлениями или соответствующая карта исследуемого признака, на которые наносится условная прямоугольная сетка. Размер ее граней произвольный, но одинаковый для данного построения. Однако в редких случаях, когда сложный для построений участок располагается не на гранях, а внутри сетки, вероятно вводить отдельные «ячейки».

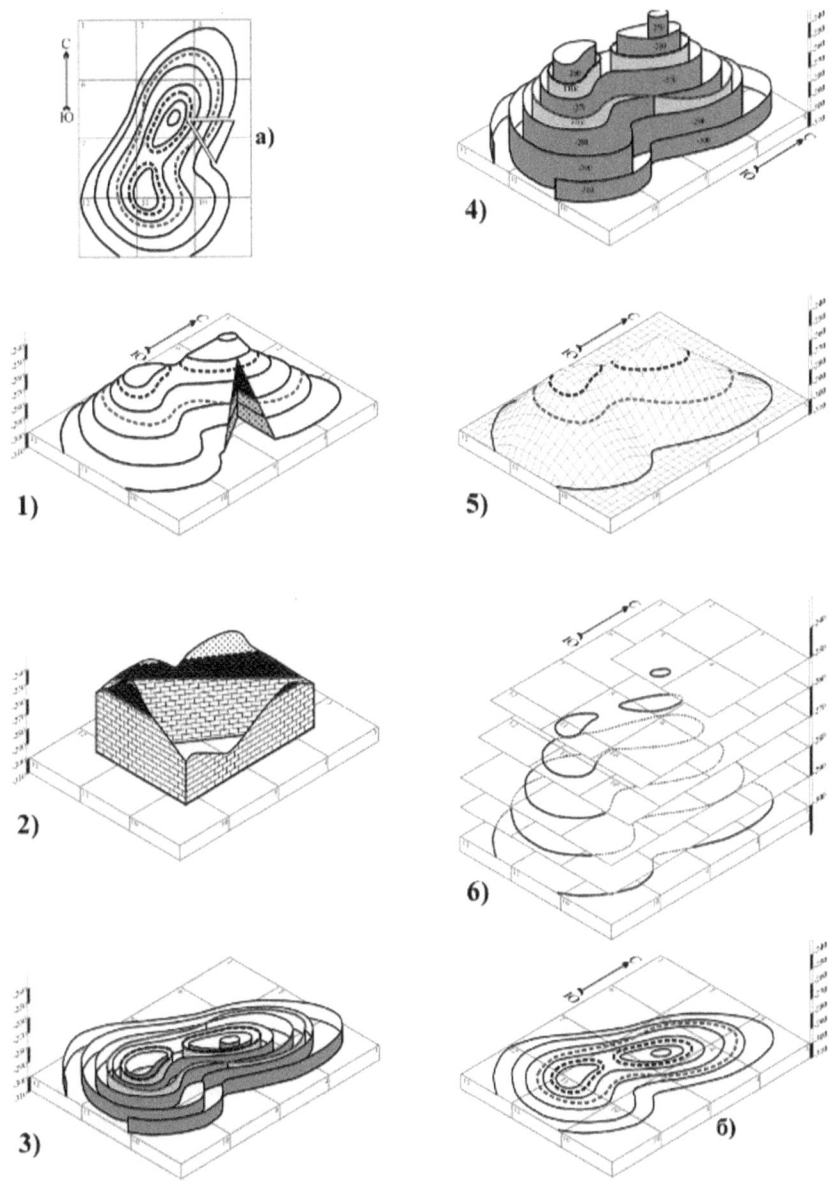

а) - условная структурная карта на прямоугольной основе с положением нефтегазовой залежи (ВНК- граница водонефтяного контакта; ГНК- граница газонефтяного контакта): б) условная структурная карта на аксонометрической основе;
1- в виде блок-диаграммы и профильных разрезов; 2- в виде блок-профилей; 3- посредством вертикальных одновысотных
поверхностей; 4- посредством вертикальных разновысотных поверхностей; 5- посредством перекрещивающихся разновысотных сечений; 6-посредством горизонтальных сечений.

Рис.40 Пространственные изображения структур и
залежей на плоскости

Для большинства построений сетка не должна быть очень плотной. Практика показывает наиболее вероятный размер граней 5—10 см и зависит от сложности резервуара и залежи, размера и масштаба базовых карт. Сетка произвольно оцифровывается. Относительно нее определяется координатное положение каждой скважины, любой точки и линии. Она служит основой дальнейших построений.

Существенным представляется выбор оптимального способа пространственного изображения, обеспечивающий получение максимальной информации и наглядности об особенностях продуктивных отложений, строении резервуара и залежи. Эта наглядность теряется, если направление проецирования параллельно одной из координатных плоскостей. Наглядность еще в большей степени утрачивается, если направление проецирования параллельно какой-либо оси координат, то есть параллельно двум координатным плоскостям. В этом случае проекция координатной оси преобразуется в точку. В точки преобразуются и проекции прямых линий изображаемой фигуры, параллельных этой оси.

Последующий этап построений предусматривает перенос исходного плана расположения скважин с соответствующей картой и принятой условной прямоугольной сеткой на плоскость с новой координатной сеткой, оси которой расположены под углом 120°. Для этого по обе стороны от вертикальной линии строятся углы по 120° (рис. 40,1). Вдоль построенных направлений откладываются отрезки, равные граням принятой условной прямоугольной сетки. Это условие обязательно. Параллельные линии, проведенные на равных расстояниях, образуют сетку плоскости отсчета или плоскости аксонометрической проекции.

Построения можно производить выше или ниже этой поверхности в зависимости оттого, на какую условную глубину она помещена. Для принятой условной структуры и залежи диапазон гипсометрических глубин колеблется в пределах—300 ÷—250 м.

Аксонометрическая плоскость помещена на глубину минус 400 м. Все варианты построений выполнены выше этой глубины. На аксонометрическую плоскость с соответствующей условной координатной сеткой наносится чертеж (карта). Положение каждой точки на прямоугольной и аксонометрической сетках эквивалентно и определяется по координатным отрезкам, оси которых совпадают с гранями одинаково оцифрованных сеток. Высотное, или пространственное, положение точек относительно аксонометрической плоскости строится согласно числовому значению точки на исходной карте.

Совокупность точек с одинаковыми отметками высотного положения, равными толщинами или любыми другими характеристиками позволяют построить пространственное положение соответствующей изолинии и поверхности в целом.

Нередко затруднения возникают на границе «видимости» изображения. Такое наиболее вероятно для сложных форм резервуаров и залежей. В этом случае построение следует выполнить в карандаше для «невидимого» участка, что позволит четко оконтурить границу изображения. Методика дальнейших построений зависит от поставленных задач и выбранного варианта пространственного изображения структуры и залежи. На рисунке показана блок-диаграмма структуры и залежи, пересеченных равноудаленными горизонтальными плоскостями, следы которых соответствуют положению изогипс. Такой вид чертежа в значительной мере отражает объемную форму структурного поднятия и размещения залежи, приуроченной к нему.

Достаточно четко обозначены объемы газовой шапки и нефтяной оторочки, показаны контуры нефтегазоносности. Видно, как смещена залежь относительно горизонтального положения, на каких участках контуры пересекают изолинии, определяя высотное положение залежи в пределах видимого изображения.

Соотношение нефти, газа и воды в продуктивных отложениях дополнительно иллюстрируют вертикальные сечения, наиболее характерные для данной ловушки. Блок-диаграмму целесообразно сопровождать соответствующей картой (например, исходная структурная карта) в прямоугольной и аксонометрической сетках. Это позволит перманентно уточнять построения, вносить и строить дополнительные сечения. Для полной информации о поднятии и залежи можно строить блок-диаграммы с различных перспективных направлений, чтобы исключить участки, попадающие за пределы «видимости» предмета. Блок-диаграммы позволяют «вывести» структуру и залежь на поверхность, приближая ее к исследователю, таким образом способствуя более полному ее изучению.

На рисунке 40,г иллюстрируется блок-профиль, выполненный, как и все изображения условной структуры на единой геологической основе. Профили ориентированы через скважины 2, 3, 4. Шкала высот, помещенная рядом, позволяет установить гипсометрическое положение пласта и залежи в любой точке на профилях.

Очень выразительны изображения структур и залежей, построенных по совокупности вертикальных концентрических сечений, следы которых на плоскости проекции совпадают с положением изолиний на исходной карте. Предлагается два варианта построений. В первом все изолинии подняты над плоскостью проекции и ограничивают концентрические поверхности на одном уровне, для примера принята величина 10 м (рис. 40.3). В другом варианте концентрические поверхности подняты на разные высоты согласно значениям соответствующих изолиний, которые ограничивают эти поверхности (рис.40.4).

Рассмотренные варианты изображений строились посредством совокупности концентрических поверхностей, каждая из которых по всему периметру сечения имела одинаковую высоту относительно плоскости отсчета.

Эффект пространственного изображения достигается также посредством системы вертикальных, взаимно перпендикулярных разновысотных плоскостей, следы которых в проекции соответствуют прямым линиям. Последние пересекают различные изогипсы исходной структурной карты. В точках пересечения определяется числовое значение третьей координаты, Z, поверхности резервуара и залежи. Вдоль каждого сечения определяется совокупность таких точек, по которым строится искомая поверхность. Однако сечений, которые совпадают с гранями принятой сетки, как правило, бывает недостаточно. Поэтому количество сечений может быть увеличено. Для примера, на рисунке 40.5 размер сечений уменьшен в пять раз. Как и по другим вариантам, нижняя изолиния структуры (-300 м) располагается на плоскости проекции и отсекает участок, на который переносятся следы пересечения поверхности резервуара и залежи вертикальной плоскостью. На рисунке этот участок плотно заштрихован. В пределах изолинии—300 м взаимно пересекающиеся плоскости возвышаются над аксонометрической, создавая пространственный эффект.

Заключительный вариант изображения на рисунке 40.6 основан на построении горизонтальных срезов. Для примера построено шесть таких срезов. Поверхности срезов расположены на равном масштабном расстоянии (10 м) и на рисунке несколько перекрывают друг друга. Они могут быть раздвинуты на любые расстояния, вычленены отдельно, что позволит детально изучить пласт и залежь по разрезу и площади.

Выполнение построений «вручную» весьма трудоемко. Компьютерные технологии эти проблемы успешно решают.

Большинство пластовых, сводовых, литологически, тектонически, стратиграфически ограниченных, массивных и других типов ловушек и залежей проектируются на горизонтальную плоскость с целью построения графических моделей, максимально приближенных к реальным условиям пространственного размещения резервуаров и залежей нефти и газа, необходимых для эффективной разработки углеводородов. Методики таких построений разработаны и существенных затруднений не вызывают. Скопления нефти и газа ограничиваются поверхностями кровли и подошвы резервуара, а также границей раздела нефти и воды – нефтеводяного контакта (ВНК), которая моделируется, как плоскость или разновысотная поверхность.

Приведенные резервуары и скопления углеводородов являются малой частью геологического многообразия пространственного размещения коллекторов и залежей, геометризация которых должна учитывать все особенности нефтегазосодержания продуктивных пород, встреченные в процессе проведения геологоразведочных работ и эксплуатационного разбуривания месторождений. Так, в зонах активной тектонической деятельности отмечается не только нарушения целостности геологических комплексов, но и перемещение их в пространстве. С образование автономных блоков-надвигов («Н») и поднадвигов («П/Н») с повтором стратиграфических подразделений в разрезах пробуренных скважин. Если в надвинутых блоках сохраняются элементы структурных поднятий, положение продуктивных отложений и залежей в плане, то в поднадвигах существенно изменяются геометрия и ограничение вновь образованных ловушек. Поверхности ограничения залежей изменяют свои первоначальные функции.

Пространственное положение поднадвиговых пластов и приуроченных к ним скоплений углеводородов неординарно. Надвинутым структурным блоком поднятий поднадвиговые пласты не редко развернуты и поставлены практически вертикально.

В проекцию на горизонтальную плоскость реальные отложения и соответствующие графические модели резервуаров и залежей представлены лентовидными полями гранулярных или трещинных коллекторов. При отклонении от вертикального положения площади срезов увеличиваются. В проекцию на горизонтальную плоскость попадают и боковые ограничения вновь образованных резервуаров.

Изменение роли и характеристик пластов и залежей иллюстрируют фрагмент перемещенного блока в пространстве под воздействием тектонического фактора (рис. 41). Набор поверхностей ограничения резервуаров и залежи для упрощенного варианта построений остается неизменным – кровля, подошва продуктивного пласта, поверхности тектонического нарушения и водонефтяного контакта (ВНК). Принципиально изменились пространственное положение, форма, тип ловушки залежи. Практически иллюстрируется построение графической модели в проекции на горизонтальную плоскость. Кровле резервуара отвечает поверхность тектонического нарушения ($T_н$).

Роль боковых ограничений выполняют поверхности кровли и подошвы продуктивного пласта или толщи, и только нижняя граница залежи, поверхность раздела нефти и воды, занимает горизонтальное положение. Моделируется как плоскость, учитывая малые размеры площади ВНК вследствие небольших толщин продуктивного пласта. Отметка и высота залежи определяются по шкале гипсометрических глубин.

Необычным представляется тип новой ловушки. Площадь кровли в проекции на горизонтальную исчисляется первыми десятками квадратных метров (зависит от протяженности и толщины (h) пласта, срезанного нарушением). В то время как высота ловушки превышает многие сотни метров.

При достаточном количестве пробуренных скважин представляется возможным построить распределение эффективных и нефтенасыщенных толщин. На рисунке 41, в соответствии с гипсометрическим положением кровли, подошвы «новой» залежи и распределением толщин 2, 4, 6 м определяется полезный объем разреза и залежи с последующим расчетом величины запасов нефти и газа.

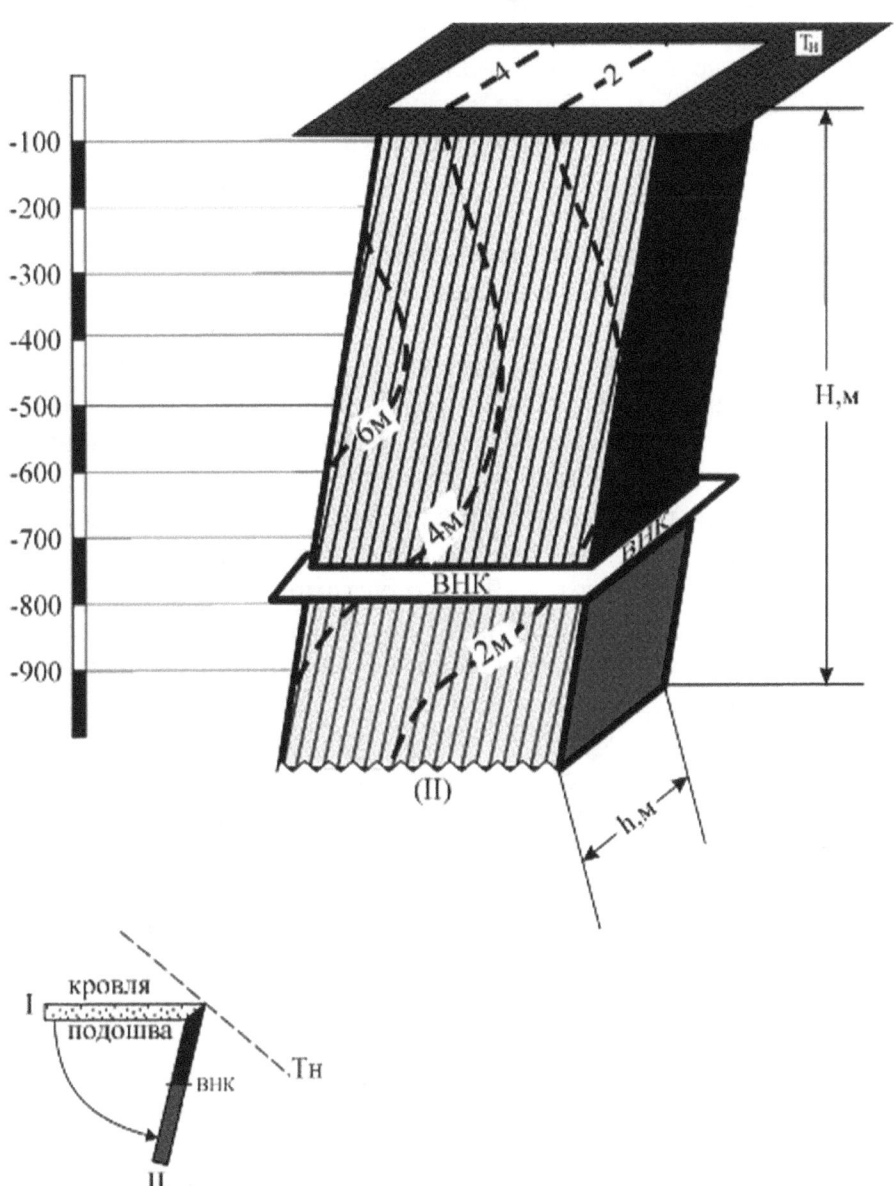

Рис.41 Фрагмент поднадвига продуктивного пласта и
залежи, перемещенных в пространстве под воздействием
тектонической деятельности

При изучении пространственного размещения резервуаров и залежей углеводородов впродуктивных толщах широко используются компьютерные технологии. Однако программы моделирования далеко не всегда отражают геологическое многообразие строения коллекторов и типы их нефтеводонасыщения. Примерами могут служить наклоны водонефтяных контактов, которые в графических моделях залежей принимаются горизонтальными, исключая возможность присутствия гипсометрически сложной поверхности раздела нефти и волы вследствие особенностей пустотного пространства породы-коллектора.

Нередко условно моделируются зоны литологического замещения коллекторов и линии их выклинивания. Мощные пласты и тонкие пропластки моделируются без учета градиента изменения толщин и, как правило, на середину расстояния между парами скважин, в одной из которых коллектор присутствует в другой—полностью (или частично) замещен глинами. Модели резервуаров и залежей существенно упрощаются. Что допустимо, если изображение выполняет роль иллюстрации. Но для целей подсчета запасов и разработки залежей такие допущения обусловливают значительные погрешности в определении величин запасов нефти и газа и, как следствие, снижают эффективность их извлечения.

В совершенстве владея компьютерными технологиями, но без глубоких знаний основ нефтегазопромысловой геологии, не представится возможным создать объемные модели скоплений углеводородов, учитывающие многообразие условий залегания нефти и газа в породах-коллекторах с целью определения количества запасов приближенных к реальным величинам и не обеспечат максимальное их извлечение из недр.

ЗАКЛЮЧЕНИЕ

На обширном фактическом геолого-промысловом и геофизическом материале предложено новое понимание особенностей пространственного размещения резервуаров и залежей в трещинных коллекторах. Разработаны новые теоретические основы и методы построения графических моделей и залежей углеводородов различных типов и сложности. По новому представлены природа и особенности формирования трещинных резервуаров, способных вмещать объемы нефти и растворенного газа, намного превышающие размеры структурных ловушек.

– Предложены дополнительные поисковые признаки прогноза нефтегазоносности на мало изученных территориях. Результаты исследований и создание принципиально новых методик позволяют решать многие задачи нефтегазопромысловой геологии в вопросах изучения трещинных коллекторов и особенности их нефтеводонасыщения.

– Установлена приоритетная роль тектонических факторов при формировании трещинных резервуаров.

– На примере более сорока месторождений Центрального и Восточного Предкавказья объяснены и доказаны особенности пространственного размещения залежей нефти и газа в трещинных коллекторах.

– Палеотектонический анализ истории развития нефтегазоносной территории установил природу пространственного несоответствия палеозалежей и современных структурных поднятий.

– По данным интерпретаций промыслово-геофизических исследований, результатам опробования и эксплуатации скважин повсеместно установлена зональность распределения трещиноватости плотных пород по площади и с глубиной, обозначив локальное пространство трещинного резервуара для скопления залежей углеводородов.

– В литологически однородной толще плотных карбонатных пород доказана возможность присутствия двух типов залежей углеводородов, принципиально различающихся по насыщению флюидами пустотного пространства трещинных резервуаров. Нефтяных – с классическим распределением флюидов согласно удельных весов и нефтеводяных с автономным распределением нефти и воды по всей продуктивной толще залежи.

– Обоснован механизм образования трещиноватого коллектора. Установлены основные параметры трещин. Определен характер нефтеводонасыщения пустотного пространства в прямой зависимости от раскрытости трещин, высоты и положения «замков» нефтеводонасыщения.

— Разработана новая теоретическая модель трещинного резервуара и залежи, которая отражает логику многообразия скоплений нефти и газа в природных трещинных коллекторах.

— Доказано промышленное нефтеводосодержание трещинных коллекторов по всей продуктивной толще, не нарушая классическое распределение флюидов в пределах единого резервуара согласно удельных весов.

— В основу теоретических и методических решений пространственного размещения трещинных коллекторов и залежей положены научно-исследовательские и опубликованные работы автора настоящей монографии. Первая публикация на заданную тему датируется 1982 годом в журнале «Геология нефти и газа». Последняя – в «Вестнике» РАЕН (2007г.).

Предлагаемый комплекс теоретических разработок и методических решений значительно расширяет понимание особенностей пространственного размещения залежей в трещинных коллекторах, с которыми бесспорно связано будущее развитие нефтегазовой отрасли России и зарубежных стран.

Проблемными остаются методики определения граничных величин емкостных параметров по керну и комплексу промыслово-геофизических исследований. Спорными (не для автора) остаются получение промышленных притоков нефти и воды на всех уровнях продуктивной толщи и длительная разработка нефтеводяных залежей. Не решенным представляется компьютерное сопровождение методов геометризации залежей нефти и газа, которое бы исключало существенные погрешности и упрощение построений соответствующих графических моделей для целей подсчета запасов углеводородов и последующей эффективной их разработки.

СПИСОК ЛИТЕРАТУРЫ

1. Агамов В.А., Магомедов Ю.М. – Критерии оценки нефтегазоносности карбонатных отложений верхнего мела депрессивных зон Предгорного Дагестана, ИГ ДНЦ РАН, Секция I, Геология нефти и газа. Геология твердого минерального сырья.

2. Арешев Е.Г. – Нефтегазоносность окраинных морей Дальнего Востока и Юго-Восточной Азии. М., АВАНТИ,—288 с.

3. Багринцева К.И., Челингар Г.В. – Роль трещин в развитии сложных типов коллекторов и фильтрации флюидов в природных резервуарах. Ж. «Геология нефти и газа», 2007 г., вып. 5, с. 28-37

4. Борисенко З.Г. – Методика геометризации резервуаров и залежей нефти и газа. Изд. «Недра», 1980 г., 206 с.

5. Борисенко Е.М., Борисенко З.Г.—Нефтеводяные залежи и особенности их геометризации. Ж, «Геология нефти и газа», № 6, 1982г. С. 22-27.

6. Борисенко З.Г. – Методика построения графических моделей залежей при подсчете запасов нефти и газа. Ж., «Геология нефти и газа», 1974 г., вып. 11, С. 42-45

7. Борисенко З.Г. (Редкобородова З.Г.) – К методике построения внешнего и внутреннего контуров газоносности на примере месторождений Ставропольского края. ТР ГрозНИИ. 1965. – Вып. XVIII. С. 514-521

8. Борисенко З.Г.—Основные принципы геометризации сложно-построенных резервуаров и залежей нефти и газа. Ж. «Геология, геофизика и разработка нефтяных и газовых месторождений». М., ВНИИОЭНГ, № 8, 2005г.,с. 39-41

9. Борисенко З.Г., Данилин В.П., Литвинов С.А.—Особенности пространственного размещения залежей нефти и газа верхнемеловых отложении Центрального и Восточного Предкавказья. Изд. Вестник РАЕН, 2007г, Том 7. .№ 2, с. 8-13

10. Борисенко З.Г., Сосон М.Н.—Подсчет запасов нефти объемным методом. М, Изд. «Недра», 1973г, 176 с.

11. Борисенко З.Г.—Методика построения графических моделей залежей нефти и газа, Ж. «Геология нефти и газа», № II, 1974г., с. 42-45.

12. Борисенко З.Г., Сосон М.Н.—Геометризация нефтяных оторочек в залежах, с наклонными контактами, Ж. «Геология нефти и газа», № 10, 1979г, с. 33-37.

13. Борисенко З.Г., Сосон М.Н., Ликов А.Г. – К вопросу методики выделения категории запасов нефти для залежей, полностью подстилаемых водой. Ж. «Геология нефти и газа». – 1966 г., №12. с. 29-30

14. Борисенко З.Г., Редкобородая Ж.М.—Пространственное изображение структур и залежей на плоскости. Сб. научных трудов. Вып. 38, Геология, бурение и разработка газовых и газоконденсатных месторождений, «Газпром», «СевкавНИПИгаз», 2003 г., с. 245-254.

15. Борисенко З.Г., Редкобородая Ж.М.—Графическое исследование способов вычисления полезных объемов залежей нефти и газа. Сб. научных трудов. Вып. 38, Геология, бурение и разработка газовых и газоконденсатных месторождений. «Газпром», «СевКавНИПИгаз». 2003г, с.254-259.

16. Брод И.О., Фролов Е.Ф. – Поиски и разведка нефтяных и газовых месторождений. М., л., ГНТИНИГТЛ, 1950 г.,—519 с.

17. Бубенников А.В., Громов М.Я. – Начертательная геометрия. изд.2-е. М: Высшая школа,1973 г., 416 с.

18. Бурлаков И.А. и др.—Маастрихтские отложения Восточного Ставрополья. Ж. «Геология нефти и газа», № 6, 1978г, с. 66-70.

19. Данков Б.С.—Особенности поисков залежей нефти и газа в ловушках нетрадиционного типа. М., Ж. ВНИИОЭНГ, № 1, 1996г. с. 13-26.

20. Дудаев С.А., Дудаев С.С.—Мелоподобные известняки Восточного Предкавказья—уникальный коллектор нефти. «Нефтяное хозяйство», № 1, 2005г. с. 30-33.

21. Курганский В.Н—Петрофизические и геофизические методы изучения сложнопостроенных карбонатных коллекторов нефти и газа. Киев, 1998г. 167с.

22. Леворсен Д. – Геология нефти и газа. Изд. Мир. 1970 г. 600 с.

23. Ликов А.Г., Сосон М.Н., Борисенко З.Г. – Влияние характера вскрытия на отработку залежи IX пласта нижнего мела месторождения Озек-Саут. ТР. СевКавНИИ. – Орджоникидзе. Изд. «ИР», 1969. – Вып. IV. – с. 401-406.

24. Манюк М.И.—Влияние трещиноватости пород-коллекторов на характер нефтенасыщенности локальных структур Долинского нефтепромышленного района. Диссертация на соискание ученой степени кандидата геологических наук. Ивано-Франковский национальный технический университет нефти и газа. Ивано-Франковск. 2002г. Рукопись.

25. Нгуен Т.З., Сиднев А.В., Андреев В.Е.—Характеристика нефтяных месторождений в гранитоидных коллекторах на шельфе Южного Вьетнама. Уфимский нефтяной технологический университет, Уфа, Россия. II нефтяная конференция студентов и молодых ученых. «Научное студенческое сообщество и современность». Турция, 22-29 мая 2005г.

26. Рыжиков П.А., Букринский В.А. – Горная геометрия, М., Углетехиздат. 1957 г., 323 с.

27. Соколовский Э.В. и др.—Особенности строения маастрихтских отложений нефтяных залежей Ставропольского края. Реф. Научно-техн. Сб. Серия «Нефтегазовая геология и геофизика». М., 1983г, Вып. 3, с. 1-2.

28. Тхостов Б.А., Визирова А.Д., Вендельштейн Б.Ю., Добрынин В.М.—Нефть в трещинных коллекторах. Изд. «Недра», Ленинград, 1970г, 222 с.

29. Шнып О.А.—Методика поисков скоплений нефти и газа в породах

30. фундамента. Ж. «Геология нефти и газа», № 4, 2005г, с. 22-25.

31. Ферхуген Дж., Тернер Ф., Вейс Л и др. – Земля. Введение в геологию. М: Мир, 1974. Т. 1, 2

32. Чернецкий А.В.—Геологическое моделирование нефтяных залежей массивного типа в карбонатных трещиноватых коллекторах. М., РМНТК «Нефтеотдача», 2002.—254с: ил.—Библиогр.: с. 246-252.